Springer-Verlag   6900 Heidelberg 1 · Postfach 1780
Telefon (06221) 49101 · Telex 04-61723
1000 Berlin 33 · Heidelberger Platz 3
Telefon (0311) 822001 · Telex 01-83319

Springer-Verlag   New York, NY 10010 · 175, Fifth Avenue
New York Inc.   Telefon 673-2660

29 Fortschritte der chemischen Forschung
Topics in Current Chemistry

Automation in Analytical Chemistry

Springer-Verlag
Berlin Heidelberg GmbH 1972

ISBN 978-3-540-05758-1   ISBN 978-3-540-37177-9 (eBook)
DOI 10.1007/978-3-540-37177-9

Library of Congress Catalog Card Number 51-5497.

Contents

Contents

Automation of the Sequence Analysis
by Edman Degradation
of Proteins and Peptides*

Dr. Peter P. Fietzek and Prof. Dr. Klaus Kühn

Max-Planck-Institut für Eiweiß- und Lederforschung, München

Contents

---

*Translated from the German by Dr. B. C. Adelmann, Max-Planck-Institut für Eiweiß-
und Lederforschung, München

1

P. P. Fietzek and K. Kühn

1. Introduction

Progress in many areas of biochemical and biomedical research hinges on the elucidation of the primary structure of the proteins involved. Correspondingly, determination of the sequence of amino acid residues in proteins has emerged a major objective in contemporary protein chemistry. This goal must usually be approached in three consecutive stages: suitable cleavage of the protein into defined peptides, determination of the sequence of amino acids in these peptides, and elucidation of the order of the peptides along the chain. The state of the art was significantly advanced when, in 1950, Edman introduced the principle of sequential chemical degradation of peptides beginning at the N-terminal residue [1]. Since then the method has developed into a standard procedure employed by many laboratories [2,3,4]. Generally, approximately ten consecutive degradation steps can be achieved, and under exceptional circumstances the reaction has been extended to 20 or more degradation steps [5,6]. The length of peptide that can be accommodated by this procedure is thus rather limited, requiring cleavage of a protein into a large number of small peptides whose separation is difficult and laborious.

The full potential of the Edman degradation procedure was realized when Edman and Begg [7] succeeded in automating the method. It was thus rendered applicable to much larger peptides or even proteins, and the necessity of cleavage of proteins into comparatively small peptides could be avoided. In 1967, Edman and Begg reported constructural details of an instrument termed "Sequenator" which enabled the authors to complete 60 consecutive degradation steps on Humpback myoglobin (a protein of 145 amino acid residues) within the sensationally short time of four days [7]. While this "Sequenator" remained a prototype it spurred development by Beckman Instruments, Palo Alto, Calif. of an instrument based essentially on Edman and Begg's design but differing in technical details. This instrument was named "Sequencer" by Beckman Instruments and became commercially available at the end of 1969.

The present article will be devoted in its first chapters to the chemical basis of the stepwise degradation procedure and to a comparative description of design and function of the two instruments, and in its later chapters to the results so far achieved. Finally, present limitations of the automated method as well as novel approaches to the sequence analysis of peptides will be discussed.

Abbreviations used

PITC	=	phenylisothiocyanate	PTH	= 3-phenyl-2-thiohydantoin
PTC	=	phenylthiocarbamyl	DMAA	= dimethylallylamine
ATZ	=	anilinothiazolinone	CNBr	= cyanogen bromide

2. The Chemistry of Sequential Degradation

The degradation is based upon a reaction first described by Bergmann and Miekeley [8] and further developed by Abderhalden and Brockmann [9] in which phenylisocyanate reacts with the α-amino group of the terminal amino acid of a peptide chain, yielding a phenylcarbamyl derivative. This can be cyclisized

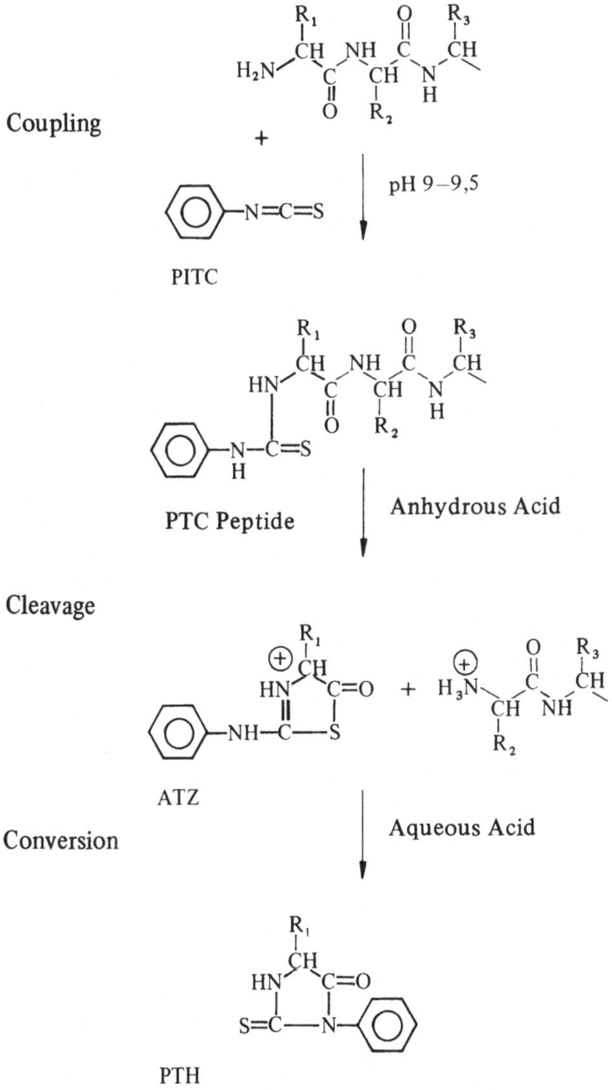

Fig. 1. The three stages of the Edman degradation

by treatment with strong acids at elevated temperature and released as phenyl-hydantoine derivative. In theory, the residual peptide might then be subjected to the next degradation reaction. In this form, however, the method was of no practical value, since the vigorous cleavage condition caused hydrolysis of some of the peptide bonds. The method became useful for sequence work only when Edman [1] replaced the phenylisocyanate by phenylisothiocyanate whose phenylthiocarbamyl derivatives are more easily cleaved by acid. By thorough investigation of the chemistry of the reaction Edman succeeded in developing a generally applicable and smoothly proceeding degradation method.

Today, this chemical sequential degradation is generally performed in the following distinct stages [10,11,12,13,] (Fig. 1).

In the first stage — coupling — a *phenylisothiocyanate* (PITC) is reacted with the α-amino group of the N-terminal residue to form a *phenylthiocarbamyl* (PTC) derivative.

In the second stage — cleavage — this terminal amino acid is released from the chain and forms an *anilinothiazolinone* (ATZ) ring.

Finally, in a third stage — conversion — the unstable thiazolinone is converted into a *phenylthiohydantoine* (PTH) derivative which can be identified.

2.1. Coupling

PITC reacts only with the unprotonated form of amino groups, but it is unstable above pH 10. Therefore, the reaction is conducted between pH 9 and 9.5. The reaction liberates protones which must be accepted by a buffer. Easily volatile tertiary amines with a high buffer capacity between pH 9 and 9.5, usually carrying an allyl group, have proven to be particularly effective. An allyl piperidine or *dimethylallylamine* (DMAA) are used. Water soluble peptides and proteins as well as PITC (which is only sparingly soluble in water) can both be accommodated in mixtures of water and water miscible organic solvents. Fifty per cent aqueous pyridine or dioxane are suitable. Coupling is complete at 40 °C in approximately 100 min, whereas only 30 min are required at 50 °C. At the end of the coupling reaction excess PITC and its breakdown products such as anilinophenylurea or diphenylthiourea are extracted with benzene and ethyl acetate. The PTC-derivative of the peptide is lyophilized and thus prepared for the next stage, cleavage. Various side reactions may interfere with the reaction between PITC and the peptide. Oxygen and aldehydes are the most troublesome reactants. Oxygen will cause oxidative desulphuration, the resultant phenylisocyanate resisting cleavage from the chain and, therefore, blocking further degradation. Oxygen and other oxidants must consequently be carefully excluded. This is accomplished by conducting the reaction in a nitrogen atmosphere. Aldehydes will react with α-amino groups to form Schiff's bases, again blocking further progress of the reaction.

2.2. Cleavage

This reaction requires protones, but it is not hydrolytic. In order to prevent concomitant hydrolysis of peptide bonds the reaction is conducted in anhydrous acid. In Edman's original method anhydrous hydrochloric acid in nitromethane was used. Since this mixture does not dissolve large peptides it is only of limited value. More generally applicable is anhydrous trifluoroacetic acid. The cleavage reaction proceeds rapidly. It is completed at 40 °C within 15 min. Under these conditions side reactions such as conversion of N-terminal glutamine into pyroglutamic acid are largely avoided, particularly when the easily volatile trifluoroacetic acid is removed in vacuo as soon as possible after completion of the reaction. The liberated thiazolinone derivative is extracted into butylchloride, and the residual peptide which is now one amino acid shorter is evaporated to dryness and can be subjected to the next degradation cycle.

2.3. Conversion

The chemistry of this reaction has been extensively studied by Ilse and Edman [14]. Although the reaction velocity is different for various amino acids, the reaction is complete in 1 N HCl at 80 °C within 10 min, with virtually all amino acids. This treatment, however, would cause partial hydrolysis of the remaining peptide. The method was made amenable to automation when Edman suggested to separate the thiazolinone derivative from the remaining peptide by extraction of the liberated thiazolinone derivative into butyl chloride and to perform the conversion into the PTH-amino acid outside the reaction vessel. In order to prevent oxidative desulphuration the reaction is carried out under nitrogen and may be further facilitated by the presence of reducing additives such as dithioerythrit [15,16]. Following conversion the PTH-amino acid is extracted from the aqueous solution into ethyl acetate and can subsequently be identified. PTH-histidine, PTH-arginine and PTH-cysteic acid remain ionized and will persist in the aqueous phase. Certain amino acid derivatives are partially destroyed during conversion. Thus, serine which undergoes β-elimination is lost to approximately 60 per cent, and partial hydrolysis of amide groups of PTH-asparagine and PTH-glutamine cannot be prevented either.

2.4. Identification

Originally, Edman hydrolyzed the PTH-amino acids and identified the free amino acids by paper chromatography [1]. Since not all of the amino acids are sufficiently resistant to this treatment Edman and Söquist [17] subsequently devised methods for the direct identification of the PTH-amino acids. Paper chromatography has now generally been abandoned in favour of the more sensitive thin layer chromatography [7,13]. Recently, gas-liquid chromatography has become available for this purpose [18] and is rapidly gaining in popularity. For special purposes, the method of hydrolysing PTH-amino acids to free amino acids has been revived, employing more suitable conditions [19,20]. The amino acids are then identified on an amino acid analyzer.

3. Automation of the Sequential Chemical Degradation

3.1. Principle

The manual Edman degradation described so far has been successfully applied chiefly to the investigation of small peptides. The automated method was developed by Edman and Begg specifically for application to proteins. Simple calculations reveal that in order to be able to extend the reaction to 60 degradation cycles the overall yield in each cycle must exceed 98 per cent [13]. Incomplete reactions as well as minor side reactions which might be tolerated in the manual procedure will soon obstruct the automated process. According to Edman and Begg [7] attention to three details was decisive for the development of an automated procedure: conversion of the thiazolinone derivative after its separation from the residual peptide, exclusion of oxygen, and meticulous purification of reagents and solvents.

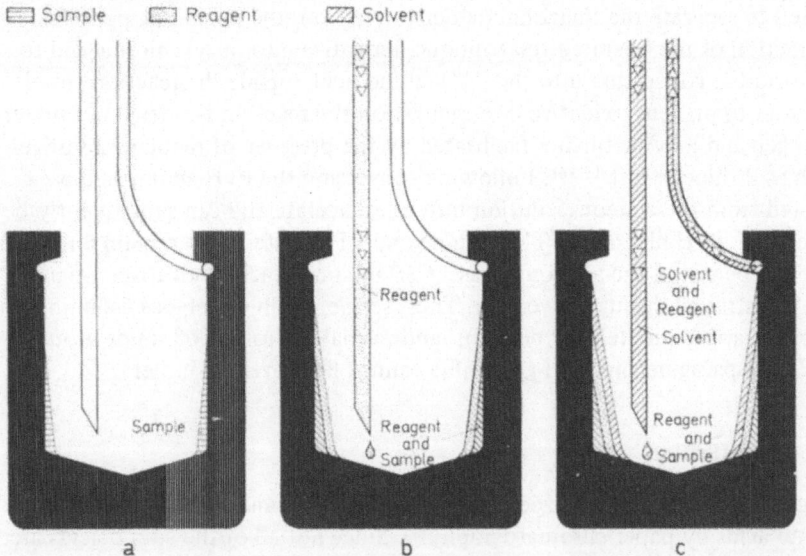

Fig. 2 a–c. Cross-section of spinning cup to illustrate general principle of handling chemicals. a) Protein forms a thin film on lower half of cup; b) reagent covers protein; c) solvent carries liquid up side of cup and out effluent line (reprinted from ref. [66], p. 5 with permission of Beckman Instruments Inc.)

In addition to providing a sound chemical basis for the automation, Edman and Begg also contributed the essentials to its technical realization. The central device of the instrument is a continuously rotating, cylindrical glass cup. The protein to be sequenced is introduced into this cup, and it will remain there throughout all the chemical operations to which it is subjected (Fig. 2). The sample is introduced as a solution which spreads over the wall of the spinning cup. Following removal of the solvent the protein forms a thin, homogeneous film. Reagents required for a particular reaction enter the cup through a feed line and spread as a liquid film over the protein. Extraction is accomplished by introducing into the cup a suitable amount of solvent which spreads, climbs up the wall and accumulates in a groove, from where it is scooped off. The large common surface between the different films facilitates rapid dissolution, reaction, and extraction. The spinning cup is housed in a vacuum proof enclosure. The reaction temperature of 55 °C causes evaporation of the volatile DMAA buffer and of trifluoroacetic acid, resulting in undefined reaction conditions in the cup. DMAA and trifluoroacetic acid were, therefore, replaced by the lower boiling Quadrol (N, N, N', N',-tetrakis-(2-hydroxypropyl)-ethylenediamine) and heptafluorobutyric acid respectively. Otherwise, a degradation cycle proceeds in the "Sequentor" in analogy to the manual method. For coupling, the protein is covered with PITC in Quadrol buffer. Following completion of the reaction, Quadrol and excess PITC are extracted by organic solvents. Then, the protein film is thoroughly dried. Cleavage is achieved by covering the film with heptafluorobutyric acid. The liberated thiazolinone derivative is subsequently extracted with butylchloride and collected in a fraction collector. The next degradation cycle can then be initiated.

3.2. Edman's "Sequenator"

3.2.1. Design of the Instrument

In the following section constructural details of the "Sequenator" will be described to the extent required for an understanding of its operation. A detailed technical description has been published in 1967 by Edman and Begg [7]. Fig. 3 represents a diagrammatic view of the essential components of the instrument. The central part of the "Sequenator" is the reaction vessel (A), a cylindrical cup of pyrex glass mounted on the shaft of an electric motor (B). Correct functioning of this device requires that the inside cylindrical surface of the cup runs absolutely true. Variance would cause untolerable turbulence within the liquid film spread on the wall of the cup. An additional requirement is constant rotational speed of the cup. Variance of the speed would cause movement of the film up or down the wall. The cup is housed in a bell jar (Q) which

7

may be evacuated. The whole reaction compartment is kept at a constant temperature of 55 °C.

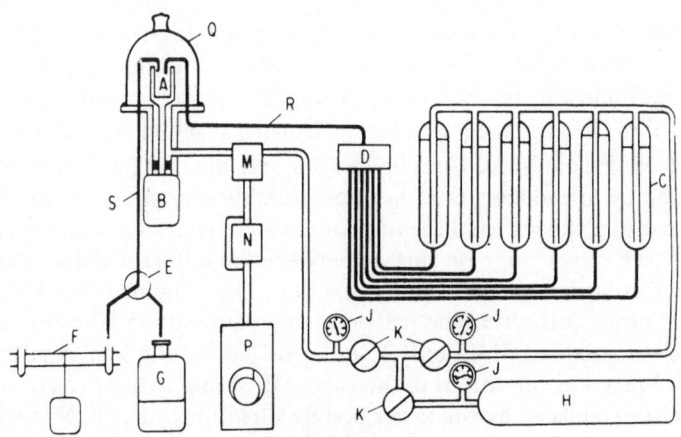

Fig. 3. Flow diagramm of Edman's "Sequenator"

A Spinning cup	I Pressure gauges
B Electric motor	K Pressure regulator
F Fraction collector	M Bell jar
G Waste container	R Feed line
H Nitrogen cylinder	S Effluent line

Gas lines are double contoured and liquid lines are filled (reprinted from ref. [7], p. 81 with permission of Eur. J. Biochem.)

An additional prerequisite for proper functioning of the "Sequenator" is exact dosage of reagents and solvents. These are stored in six reservoirs (C) and admitted to the cup through valve assembly (D). The reservoirs are under common constant pressure of nitrogen, supplied by a nitrogen cylinder (H) and regulated by two valves (K). The reservoirs are constructed according to Mariotte's principle in order to eliminate any influence of the height to which they are filled on the amount delivered. The interior of the bell jar is likewise maintained at a constant and fixed nitrogen pressure, kept intermediate between the atmosphere and the reservoirs. The constant pressure difference between reservoirs and bell jar ensures that the volume of reagent or solvent delivered is determined entirely by the time the valve is open. The valve assembly (D) consists of a cylindrical block in which six valves are arranged in a hexagonal pattern and connected to the six reservoirs. The design of the valves provides for instantaneous vacuum-proof opening and closing and minimal dead space in order to maintain accurate dispensing as a function of time throughout many degradation cycles. A short feed line (R) connects the valve assembly with the cup. The feed line terminates at the bottom of the cup at such a distance that effluent emerges without drop formation in a continuous stream. Liquids to be removed from the cup are collected in a groove, 1 mm deep, in its upper portion (see Fig. 2). The effluent line (*S*) enters the cup tangentially, and its tip terminates within the groove. Scooping off is assisted by the momentum of the rotating fluid and the elevated pressure within the bell jar. The effluent line is connected to a three-way stop cock (*E*) which permits delivery of the effluent into either a fraction collector (*F*) or to a waste container (*G*).

Vacuum is provided by a continuously running two-stage rotary vacuum pump (*P*). A three-way valve (*M*) connects the bell jar either to the vacuum line or to the pressure line. Inserted into the vacuum line is a valve (*N*) which has a permanent bypass consisting of a coil of long, narrow steel tubing. In order to prevent the liquid in the cup from boiling, caused by too sudden fall in pressure, the system is evacuated first through the bypass with valve (*N*) in the closed position. This valve is opened after a predetermined delay period.

All functions of the instrument are controlled by an electric thirty-channel timing unit.

3.2.2. Operation of the "Sequenator"

The following reagents and solvents are required [7]:

Reagent 1: 5% (v/v) solution of PITC in heptane
Reagent 2: 1.0 M Quadrol-trifluoroacetic acid buffer in *n*-propanol -
                 water (3 : 4, v/v) pH 9.0
Reagent 3: anhydrous *n*-heptafluorobutyric acid

Solvent 1: benzene
Solvent 2: ethyl acetate containing 0.1% (v/v) acetic acid
Solvent 3: 1-butyl chloride

One complete degradation cycle is divided into thirty separate operations listed in Table 1. Duration as well as function of each of these steps is indicated. The protein is introduced usually as a solution into the spinning cup. The program is then started with step 27 (delay). In step 28 and 29 the protein film is dried and thus prepared for the first degradation cycle. In step 1 PITC (reagent 1) and in step 2 Quadrol buffer (reagent 2) are introduced. The coupling reaction takes place in step 3. Volatile constituents of the medium are then removed by evaporation in steps 4 and 5. At the same time nonvolatile substances are concentrated in order to prevent the protein film from being pushed up during the following extraction with benzene (step 7). Step 6 (delay) is required for pressure equalization inside the reaction chamber. In step 7 excess PITC and part of the Quadrol are removed by washing with benzene

P. P. Fietzek and K. Kühn

Table 1. *Operations in a cycle of Edman's "Sequenator"* [a]

Reagents 1, 2 and 3 are in reservoirs I, II and III, respectively, and solvents 1, 2 an 3 occupy reservoirs IV, V and VI, respectively. The valves are numbered correspondingly. Other functions are the 3-way vacuum-pressure valve *(M)*, the 2-way vacuum valve *(N)*, the 3-way outlet stopcock *(E)* and the motor driving the fraction collector *(F)*. A + or a – sign means that the operating solenoid or motor is energized or deenergized, respectively, at the beginning of the stage. The + sign also means that a valve is open, in the case of valve *M* to the vacuum line. The three positions of the outlet stopcock are indicated by the letters c (collect) v (vacuum) and w (waste). The duration of stages refers to a reaction temperatur of 50 °C

Stage	Duration min	(Volume) (ml)	I	II	III	IV	V	VI	M	N	E	F
1. Reagent 1	0.15	(0.40)	+								+w	+
2. Reagent 2	1.75	(0.40)	–	+								–
3. Reaction	30.00			–							+v	–
4. Restric. vacuum	3.00								+			
5. Vacuum	6.00									+		
6. Delay	0.05								–	–		
7. Solvent 1	5.00	(11.5)				+					+w	
8. Solvent 2	8.00	(23.5)				–	+					
9. Delay	1.00					–						
10. Restric. vacuum	3.00								+		+v	
11. Vacuum	6.00									+		
12. Delay	0.05								–	–		
13. Reagent 3	0.70	(0.23)			+						+w	
14. Reaction	3.00				–						+v	
15. Vacuum	1.50								+	+		
16. Delay	0.05								–	–		
17. Solvent 3	1.75	(5.5)						+			+c	
18. Delay	1.00							–				
19. Restric. vacuum	3.00								+		+v	
20. Vacuum	1.00									+		
21. Delay	0.05								–	–		
22. Reagent 3	0.70	(0.23)			+						+w	
23. Reaction	3.00				–						+v	
24. Vacuum	1.50								+	+		
25. Delay	0.05								–	–		
26. Solvent 3	2.25	(7.0)						+			+w	
27. Delay	1.00							–				
28. Restric. vacuum	3.00								+		+v	
29. Vacuum	6.00									+		
30. Delay	0.05								–	–		

[a] Reprinted from ref. [7] with permission of Eur. J. Biochem.

(solvent 1). The protein begins to precipitate. Extraction is carried to completion with ethyl acetate (solvent 2) in step 8. The following delay (step 9) is required to clean the effluent line from residual ethyl acetate by purging with nitrogen. In step 10 and 11 (vacuum) the PTC-derivative is dried thoroughly and thus prepared for cleavage. Following pressure equalization (delay in step 12) heptafluorobutyric acid (reagent 3) is introduced (step 13), and cleavage takes place in step 14. The bulk of heptafluorobutyric acid is removed during the following evacuation (step 15). Following pressure equalization (delay, step 16) the thiazolinone derivative is extracted with butylchloride (solvent 3, step 17) and collected in the fraction collector. Butylchloride is then removed in vacuo, and the cleavage reaction is repeated (step 18 through 29). The residual protein is now ready for the next degradation cycle. A complete degradation cycle is completed in 93.6 min.

Edman and Begg achieved in their "Sequenator" the automation of a complicated chemical reaction proceeding in several stages. A multitude of obstacles had to be surmounted, including handling of aggressive or highly flammable chemicals, exclusion of oxygen, vacuum-tightness of the system, and extremely precise funtioning of the valves. Successful sequencing of the first sixty N-terminal amino acids of a myoglobin [7] provided visible proof of the reliability of their system.

Edman and Begg's publication in 1967 initiated attempts at many places to construct a similar instrument. At the end of 1969 an instrument became commercially available developed by Beckman Instruments, Palo Alto, Calif. This machine, termed "Protein Peptide Sequencer", generally follows the specifications of Edman's prototype but incorporates some novel solutions for technical problems. Such an instrument is at the disposal of the authors and shall be described in the next chapter.

3.3. The "Sequencer" of Beckman Instruments

3.3.1. Design of the Instrument

A front view of the "Sequencer" is presented in Fig. 4. Complete description of all details of the "Sequencer" would by far exceed the scope of this article. Instead, we will discuss only some important solutions of technical problems in comparison to their counterpart in the "Sequenator".

Again, the heart of the instrument is a spinning cup serving as a recepticle for all operations to be performed on the protein (Fig. 5). The cup is tightly enclosed by a reaction chamber which is sealed on its upper edge by a reaction chamber cover. A space reducing core extends from this reaction chamber cover into the spinning cup in order to minimize the space in the cup facilitating work with volatile buffers. It also incorporates delivery and effluent lines. In contrast to Edman's "Sequenator", in which the cup is mounted directly on the motor shaft, the cup of the "Sequencer" is driven magnetically, eliminating a bearing which is difficult to keep vacuum-proof. The whole assembly is heated by hot air circulating in a lucite cover.

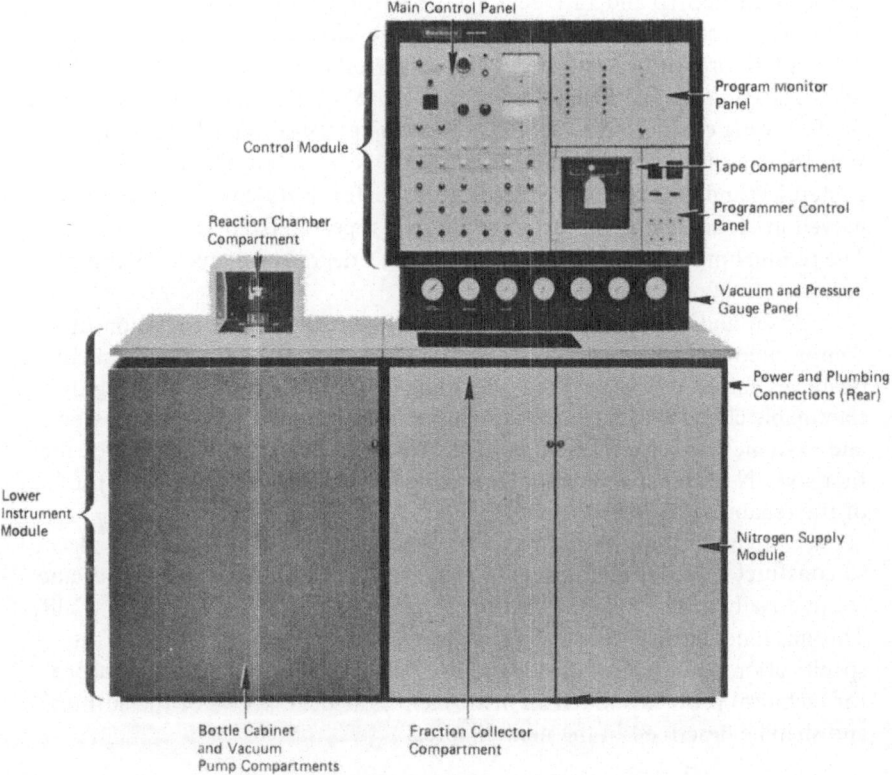

Fig. 4. Front view of the "Protein Peptide Sequencer" (with permission of Beckman Instruments Inc.)

The number of reservoirs for the reagents and solvents is increased from six to eight permitting change from Quadrol to a different buffer during an experiment. The delivery system which must provide reproducible delivery of reagents and solvents, differs in its design from that of Edman's "Sequenator". In his instrument all reservoirs are kept under common constant nitrogen pressure. In case of technical failures, solvents and reagents may possibly contaminate each other. In contrast, in the "Sequencer" nitrogen pressure in each of the reservoirs is regulated separately (Fig. 6). This design necessitates three separate operations for delivery of a solvent or reagent. Due to different vapour pressures of the various liquids different pressures build up in the reservoirs preventing constant delivery. Therefore, in the first step (ventilation) the reservoir is vented against a nitrogen atmosphere. In the second step (pressurize) the reservoir is connected to a fixed nitrogen pressure. The third step (delivery) consists of the actual delivery of solvent or reagent into the cup. Accurate dispensing is also assisted by maintaining a constant nitro-

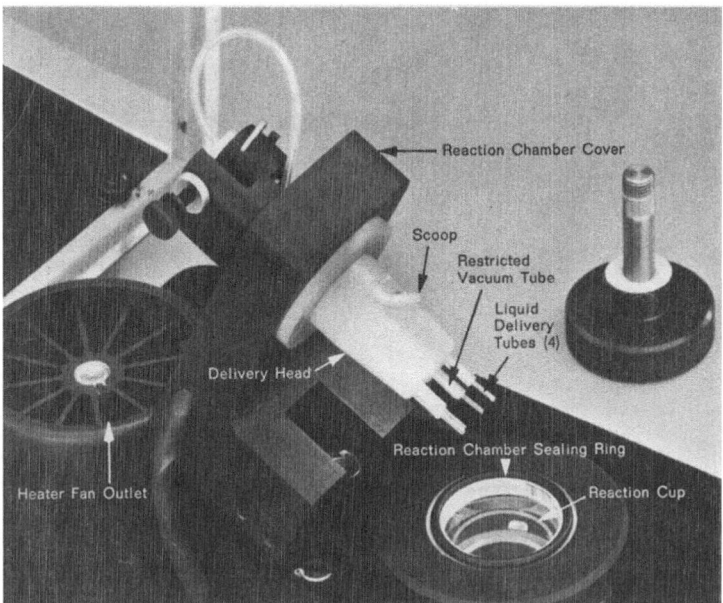

Fig. 5. Details of the open reaction chamber and the reaction chamber cover (with permission of Beckman Instruments Inc.)

gen pressure within the reaction chamber. The various levels of nitrogen pressure are provided by a manifold connected to a reducing valve and a nitrogen cylinder. In contrast to the "Sequenator" in which all reagents and solvents are delivered into the cup through a single line, there are four delivery lines in the "Sequencer" each of which has its own valve and is assigned to one pair of reagent and its solvent.

Removal of liquids from the cup is accomplished by the same device as in the "Sequenator". The effluent line extends from the groove in the group through the delivery head to a valve which may be connected either to the fraction collector or to the waste bottle. The fraction collector is housed in a compartment which may be refrigerated and evacuated. This provision permits immediate drying under nitrogen of the fractions collected.

The "Sequencer" has two separate vacuum pumps, termed "rough" and "fine". Three types of vacuum are discerned: "restricted", "rough", and "fine". "Restricted" and "rough" vacuum are maintained through two lines of different dimensions, connecting the "rough" pump to the reaction chamber. The "fine" pump provides a "fine" vacuum through a short, wide line and is required for intensive drying of the protein.

All functions of the instrument are controlled by an electronic programming unit equipped with a 42-channel punch tape.

13

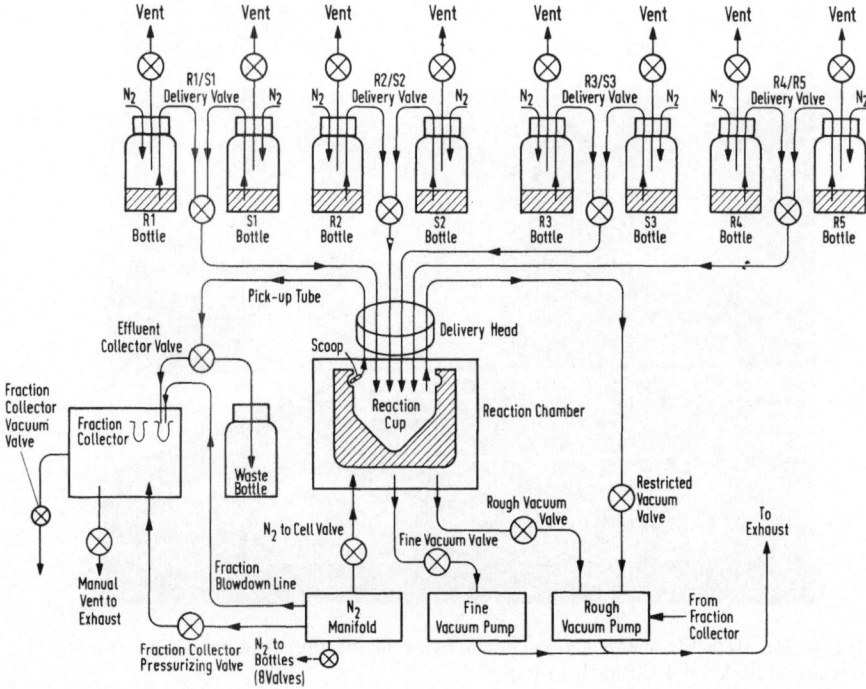

Fig. 6. Flow diagram of the "Sequencer" (with permission of Beckman Instruments Inc.)

3.3.2. Operation of the "Sequencer"

Basically, the program developed by Edman and Begg for their "Sequenator" employing Quadrol is used also in the "Sequencer". In addition, however, the device of a space reducing core allows substitution of Quadrol by volatile buffers which may be more suitable for sequencing of smaller peptides. A complete Quadrol double cleavage program as used by the authors is subdivided into 72 separate steps, presented in Table 2. The left column describes the function and duration of each step. The punch tape is depicted on the right. Each function requires the presence of a hole punched into the tape, in the table symbolized by dashes. Modifications of the program such as alternation of the extraction or drying times or insertion of additional steps can be readily accommodated by alteration of the pattern on the punch tape.

Step 1 (slew) stops movement of the tape which is automatically returning to the starting position after completion of a degradation. Step 2 (delay) provides for pressure equalization within the reaction chamber. The following steps are required for delivery of PITC into the cup by ventilation (step 3), pressurization (step 4) and delivery (step 5) as described above. In step 6, PITC (reagent 1) is removed from the delivery line by "restricted" vacuum. Following pressure equalization (step 7) the bulk of heptane is flushed out of the cup by nitrogen (step 8). Quadrol buffer is then introduced by steps 9, 10 and 11 (vent, pressurize, delivery). The reaction takes place in steps 12, 13 and 14 and requires 30 min for completion. This time must be divided into three separate programming steps because the rotational speed of the cup is reduced from 1500 to 1000 rpm between steps 12 and 13, and because the tape cannot accommodate intervals longer than 1665 sec. In steps 15, 16 and 17 the delivery line is cleansed from Quadrol by flushing with ethyl acetate. The program then continues through the remaining steps completing one degradation cycle following the routine just outlined. An important feature of the "Sequencer" is its provision for two different rotational speeds of the cup. Pushing up of protein on the wall of the spinning cup during many consecutive cycles cannot be easily avoided. This material would escape further reaction in an unpredictable manner. It can be brought back to the previously fixed height by the provision of two different speeds of the cup.

The Quadrol program is best suited to the degradation of proteins. It is only conditionally applicable to shorter peptides because of their solubility in the organic solvents benzene, ethyl acetate, and butylchloride employed for extraction of excess PITC, Quadrol and the thiazolinone derivative. Short peptides may thus be completely washed out after only a few degradation cycles. Several proposals have been made to remedy this difficulty. One of them consists in a modification of the Quadrol program employing more diluted Quadrol buffer (which can be washed out in a shorter time) and/or omitting the second cleavage thus avoiding one wash with butylchloride. An additional alternative consists of the use of volatile buffers which must not be washed out but can be removed by evaporation. The inherent difficulty of volatile substances is due to their evaporation during the coupling reaction at 55 °C, thus causing undefined reaction conditions in the cup. In order to minimize this effect the reaction space in the "Sequencer" is kept as small as possible by the space reducing core already mentioned. Beckman Intruments recently supplied a peptide program based on DMAA as the buffer substance. In this program, the coupling reaction is followed by a vacuum step in order to evaporate the DMAA. The step in which excess PITC is extracted with benzene is considerably abbreviated, and washing with ethyl acetate is altogether avoided. Repetition of the cleavage reaction is omitted.

Table 2. Operations in a cycle of the "Sequencer" of Beckman Instruments

Beckman®

SEQUENCER Quadrol

PROGRAM double cleavage

DATE

NAME

TEMP. 55° SETTING 860

REAGENTS	TYPE	PRESS.
N_2 Cell		40
R_1	PITC/Hept	100
R_2	Quadrol	180
R_3	HFBA	170
R_4	–	–
R_5	–	–
S_1	Benzene	120
S_2	Et.Ac.	120
S_3	BuCl	120

PROGRAM STEP	PROGRAM STATEMENTS	STEP TIME	SPEED
1	Slew Stop	2	1000
2	Delay	4	
3	R_1 Vent	14	
4	R_1 Press	14	1500
5	R_1 Deliver	6	
6	Vac. Res.	40	
7	Delay	4	
8	N_2 Dry	60	
9	R_2 Vent	14	
10	R_2 Press	30	
11	R_2 Deliver	60	
12	Reaction	120	
13	Reaction	840	1000
14	Reaction	840	
15	S_2 Vent	30	
16	S_2 Press	30	
17	S_2 Deliver	4	
18	Vac. Res.	300	
19	Vac. Rough	300	
20	Fac. Fine	300	
21	Delay	4	
22	S_1 Vent	30	
23	S_1 Press	30	
24	S_1 Deliver	300	
25	N_2 Dry	200	
26	S_2 Vent + Res.Vac.	30	
27	S_2 Press + Res.Vac.	180	
28	Rough Vac.	30	

16

Step	Function	Time	
31	(S$_2$ on-off) (OPTIONAL--Punch S$_2$ if desired)	4	
32	S$_2$ Deliver	600	
33	Delay	60	
34	Vac.Res.	60	
35	Vac.Rough	40	
36	Vac.Fine F/C Advance	360	
37	Delay	4	
38	R$_3$ Vent F/C Vent	20	
39	R$_3$ Press	14	
40	R$_3$ Deliver	29	
41	Reaction	180	
42	Vac.Res.	60	10000
43	Vac.Rough	40	
44	Vac.Fine	140	
45	Delay	4	
46	S$_3$ Vent	30	15000
47	S$_3$ Press	30	
48	S$_3$ Deliver - Collect	150	
49	Delay	40	
50	Vac.Res.	60	
51	Vac.Rough	20	
52	Vac.Fine	60	
53	Delay	4	
54	R$_3$ Vent	14	
55	R$_3$ Press	14	
56	R$_3$ Deliver	29	
57	Reaction	180	
58	Vac.Res.	60	1000
59	Vac.Rough	40	
60	Vac.Fine	140	
61	Delay	4	
62	S$_3$ Vent	30	1500
63	S$_3$ Press	30	
64	S$_3$ Deliver - Waste	150	
65	Delay	40	
66	Vac.Res.	60	
67	Vac.Rough	20	
68	Fac.Fine	600	
69		2	
70	Slew Start	2	
71	Program Conditional Stop		
72			

17

4. Conversion and Identification

The unstable thiazolinones are converted into stable hydantoines in order to facilitate their identification. Conversion and identification are carried out outside the instrument after extraction of the thiazolinones with butylchloride. The conversion reaction as well as the problems associated with identification of the PTH-amino acids were studied in detail by Edman and described explicitly in Needleman's book on "Protein Sequence Determination" [13]. Conversion is generally carried out in 1 N HCl at 80 °C within 10 min. The PTH-derivatives are extracted from the aqueous phase with ethyl acetate with the exception of PTH-arginine, PTH-histidine and PTH-cysteine which remain in the aqueous phase.

Two different methods are currently in general use: thin layer chromatography as elaborated by Edman [13] and gas-liquid chromatography based on studies of Pisano and Bronzert [18].

Thin layer chromatography is conveniently accomplished on commercially available silica plates (Kieselgel F 254, Art. No. 0515/0025, 20 x 20 cm, Merck, Darmstadt). Three solvent systems developed by Edman are available, but the combinations D (xylene/formamide) and H (ethylene chloride/acetic acid) are preferentially used. Not all of the PTH-amino acids can be separated unequivocally and identified in a single system. Thus, the D system is particularly suitable for apolar amino acids, whereas the H system lends itself to the investigation of polar residues. An indicator, fluorescing in UV light, is incorporated into the chromatographic carrier, facilitating location of the PTH-amino acids by their fluorescence quenching. Sensitivity of these systems is in the order of 10 nM.

Gas-liquid chromatography of PTH-amino acids was perfected by Beckman Instruments [21]. In this technique PTH-derivatives of polar amino acids are silylated [22, 18] and thus converted into more volatile substances. Silylation is achieved by mixing equal volumes of sample and N,O-bis-(trimethylsilyl)-acetamide and heating at 80 °C for one minute. Separation is carried out by the authors in the gas chromatograph "GC-45" (Beckman Instruments, Palo Alto, California), equipped with glass columns 4' long, OD 1/4", ID 2 mm. The filling material is supplied by Beckman Instruments and incorporates 10 per cent SP 400. Separation is achieved by a linear temperature gradient (2 min isothermally at 170 °C, then increase of temperature within 16 min to 280 °C). A chromatogram of apolar and silylated polar PTH-amino acids is presented in Fig. 7. Sensitivity of this method is at approximately 1 nM, thus exceeding that of thin layer chromatography by one order of magnitude. Gas-liquid chromatography permits easy and rapid quantitation of the PTH-amino acids because peak height of a fraction derived from the "Sequencer" can simply be compared to the peak height of a standard. Yield of a given PTH-amino acid liberated by a degradation step can be assessed on the basis of the concentration

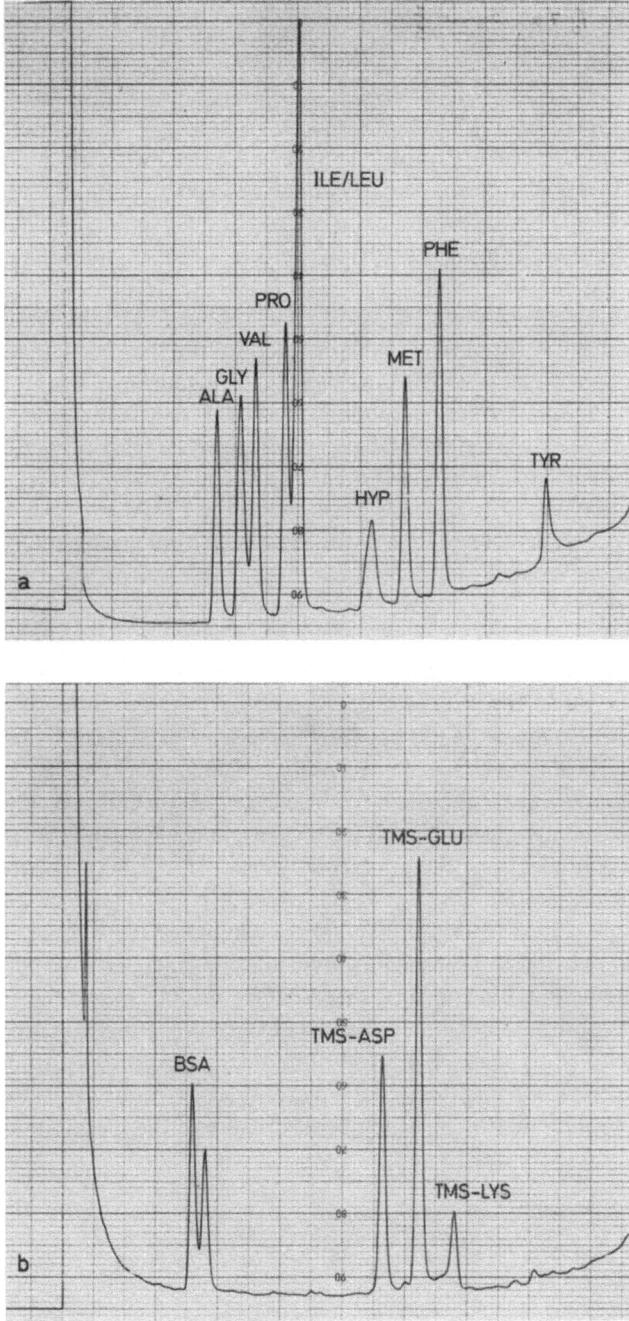

Fig. 7a and b. Gas chromatograms of PTH amino acids. a) Apolar amino acids; b) silylated polar amino acids. 5 n Mol of each PTH-amino acid were applied. Chart speed 0.5″/min., gas chromatograph "GC-45", Beckman Instruments

of the standard, the proportion of the PTH-amino acid used for identification, and the amount of protein introduced into the reaction cup of the "Sequencer". The importance of yield determination increases with the number of degradation steps since identification is more and more hampered by overlaps and a general rise of background. The advantage of gas-liquid chromatography is balanced by the necessity to silylate some of the PTH-amino acids and the concomitant silylation of impurities giving rise to additional undesirable peaks in the chromatogram.

In view of its rapidity we found thin layer chromatography convenient for identification of the amino acids liberated by the first 20 − 30 degradation cycles. For identification of PTH-derivatives from additional degradation steps we prefer gas-liquid chromatography because of its merits mentioned above, particularly its greater sensitivity. Several colorimetric reactions and chromatographic systems are available for the identification of those PTH-amino acids which remain in the aqueous phase when the PTH-derivatives are extracted with ethyl acetate [23,24,25,13]. In our hands, thin layer electrophoresis was found to be satisfactory [26,27].

5. Application of the "Sequencer"

Since its appearance on the market the "Sequencer" has been applied predominantly to comparative sequence studies of immunoglobulins. In the authors' laboratory it is employed for investigations on collagen, the fibre protein of the connective tissue. The collagen molecule may be visualized as a rod, 3000 Å in length, with a molecular weight of 285,000. The molecule consists of three peptide chains, two α1- and one α2-chain, which are assembled in a triple helical structure. Each chain comprises approximately 1040 amino acids. In order to prepare this molecule for sequence work, the α-chains must be separated and then suitably cleaved into shorter, defined peptides. For that purpose both α-chains were cleaved by a regimen combining treatment with collagenase, cyanogen bromide, and chymotrypsin [28-32]. Fig. 8 shows the CNBr-peptides of the α1- and α2-chains of calf skin collagen. Cyanogen bromide treatment which causes fissure at the methionine residues

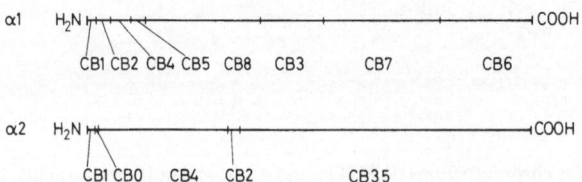

Fig. 8. Cyanogen bromide peptides of the α1- and α2-chains of calf skin collagen

liberated eight peptides from the α1-chain and five peptides from the α2-chain. A manageable number of shorter peptides could be obtained from some of the CNBr peptides by treatment with chymotrypsin.

In our first experiments, we had to find the size of collagen peptide most amenable to the Quadrol program. The upper limit of the size of a peptide is determined by the amount of peptide that can be introduced into the spinning cup. Thickness of the film resulting from application of more than 10 mg of protein will interfere with the procedures of dissolving, reaction, extraction, and drying. However, the degradation should be started with approximately 300 nM of protein in order that the reaction can be extended to 40−60 identifiable residues.

The problem may be exemplified by the peptide α2-CB3.5 containing 650 residues [33]. In one experiment, 160 nM i.e. 10 mg were introduced into the cup, and the first 20 residues could be identified. Three hundred nanomoles, however, could not be satisfactorily processed. No difficulties were encountered in the investigation of peptides comprising approximately 300 residues. Thus, when the reaction was started with 300 nM of the peptide α2-CB4 (330 residues) it could be extended to 60 consecutive degradation steps, and the first 40 residues could be identified without gaps [34]. Similar success was achieved with peptides down to a length of approximately 80 residues.

Investigation of the chymotryptic peptide of α1-CB6-C2 (Fig. 9) comprising 83 residues may be presented as an example for sequencing of a typical

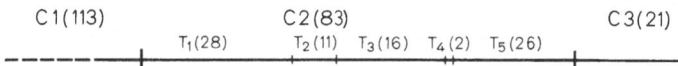

Fig. 9. The chymotryptic peptides of α1-CB6 C1, C2, and C3. The tryptic peptides T 1 – T 5 of C2 are indicated. The numbers of residues per peptide are given in parentheses. The amino acid sequences of C1, C2, and C3 have been described [67,35,36]

collagen peptide [35]. The reaction was initiated with 300 nM and extended through 60 degradation cycles. The sequence emerged as:

$$\overset{1}{Ser}-Gly-Leu-Gln-\overset{5}{Gly}-Pro-Hyp-Gly-Pro-\overset{10}{Hyp}-Gly-Ser-Hyp-Gly-\overset{15}{Glu}-Gln-$$

$$Gly-Pro-Ser-\overset{20}{Gly}-Ala-Ser-Gly-Pro-\overset{25}{Ala}-Gly-Pro-Arg-Gly-\overset{30}{Pro}-Hyp-Gly-Ser-Ala-$$

$$\overset{35}{Gly}-Ser-Pro-Gly-Lys-\overset{40}{Asp}-Gly-Leu-Asp-Gly-\overset{45}{Leu}-Hyp-Gly-Pro-Leu-\overset{50}{Gly}$$

$$----\overset{55}{Gly}---Arg-Gly$$

The first 50 consecutive steps were identified. A number of gaps remained between positions 50 and 60. There are two dominant reasons for this limit: decrease of yield of liberated amino acids and increase of background mate-

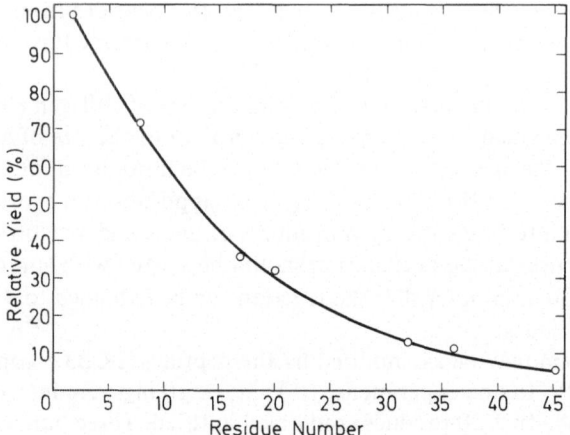

Fig. 10. Automated Edman degradation of α1-CB6-C2 of calf skin collagen. Relative yield of liberated PTH-glycine as a function of degradation cycles. Amount of the first glycine is arbitrarily set at 100 per cent

rial. Reduction of yield as a function of steps is depicted in Fig. 10. Yield was determined on the basis of PTH-glycine since in collagen this is a residue occurring in every third position along the chain. Relative yield had declined to 50 per cent after only 20 degradation steps, and to 5 per cent at the 45th step. This decrease of yield may be accounted for by the cumulative effect of only a slight blocking of the reaction at each step. Concomitant increase of background which increasingly impedes interpretation of the chromatogram is due to unspecific cleavage of the peptide chains. There is a predominant accumulation in the background of those amino acids which are present in the peptide in the highest proportions. In the case of collagen these are glycine and proline.

Principally, all collagen peptides comprising between 80 and 300 residues behave similarly when investigated with the Quadrol program. Solubility of the peptides in organic solvents becomes an increasingly annoying factor as shorter peptides are studied. It is our experience, obtained by study of a substantial number of collagen peptides with between 20 and 60 residues, that solubility is not dependent on the length of the peptide alone but also on the content and distribution of polar amino acids. Solubility of short peptides is most severely depressed by the presence of the strongly basic arginine, particularly when located at the carboxyterminal as in peptides obtained by cleavage with trypsin. As mentioned earlier, loss of peptides during the extraction step can be minimized by either applying the Quadrol program with only single cleavage or by replacing Quadrol by DMAA. Generally, solubility of the peptides can be partially compensated for by increasing the amount of peptides introduced into the cup.

Sequencing of the shorter peptides may be exemplified by further study of the peptide α1-CB6-C2. Slightly more than the amino terminal half of the peptide could be sequenced with the Quadrol program. Preparatory to sequencing of the carboxyterminal half, the peptide was cleaved with trypsin. The order of the five tryptic peptides T 1 through T 5 is included in Fig. 9. The sequences of T 1 and T 2 and of a portion of T 3 were known already from the analysis of the parent peptide α1-CB6-C2. T 3 and T 5 containing 16 and 26 residues respectively, were studied with the "Sequencer". Sequencing of T 5 which contained only a single polar residue (Asp) and consisted mainly of Gly, Ala, Pro, and Hyp was expected to present particular difficulties. In an attempt to compensate for loss during extraction 1000 nM were introduced. When subjected to the Quadrol program (single cleavage) the peptide was completely lost after 11 degradation steps. However, 21 degradation steps could be achieved with the DMAA program. The following sequence was established:

Thr-Gly-Asp-Ala-Gly-Pro-Ala-Gly-Pro-Hyp-Gly-Pro-Hyp-Gly-Pro-Hyp-Gly-
Pro-Hyp-Gly-Pro-(Pro, Ser, Gly₂, Tyr).

This is one example of short collagen peptides which were washed out too rapidly from the cup when the Quadrol program was employed but which could be successfully handled in the DMAA program. However, the DMAA program was not without disadvantages, the most relevant of which was an annoying background of impurities which appeared particularly in silylated samples and hampered identification of the polar amino acids. Apparently, the brief treatment with benzene intended to wash out excess PITC and its degradation products was not quite sufficient for complete removal of these substances. Residual amounts were then eluted together with the thiazolinone derivatives and presented themselves as background in the gas-liquid chromatography of the PTH-amino acids.

As a last example, study of a sequence not typical for collagen may be presented. The peptide α1-CB6-C3 (Fig. 9) was obtained from the nonhelical region of the carboxyterminal end of the α1-chain. Its sequence [36] was determined as:

Asp-Leu-Ser-Phe-Leu-Pro-Gln-Pro-Pro-Gln-Gln-Glx-Lys-Ala-His-Asp-Gly-
Gly-Arg-Tyr-Tyr.

Since the peptide has a high content of polar amino acids and contains an arginine residue within the C-terminal area its solubility was negligible in the

Quadrol (single cleavage) as well as in the DMAA program. Difficulties arose from its high content of glutamine. Glutamine will in acid solution readily cyclisize to pyroglutamic acid. Thus, reaction with PITC is impossible, and further degradation of the peptide is prevented. In order to avoid cyclization, the vacuum and drying steps after adding heptafluorobutyric acid were abbreviated during degradation cycles which preceded the occurrence of glutamine. More extensive overlaps due to incomplete cleavage were accepted. This modification of the DMAA program permitted identification of the first 14 residues. Identification of the polar amino acids in positions 15 and 16 could not be achieved whereas glycine in position 17 could again be recognized. The remaining unknown section of the sequence was elucidated by the manual Edman degradation procedure after tryptic cleavage of C3 [36].

Up to the end of 1971 approximately fifty publications had appeared reporting investigations on amino acid seqences by automated Edman degradation. About two thirds of these communications were concerned with immunoglobulins. Knowledge of the amino acid sequence of immunoglobulins already provided the chemical basis for much of the contemporary insights into the genetics of antibody diversity and evolution. Additional progress requires the comparative investigation of a large number of immunoglobulins. Light and heavy chains are separated and subjected to Edman degradation, attempting to carry the reaction from the N-terminal residue into the chain as far as possible. At present prior cleavage of the chains into smaller peptides is omitted. Between 20 and 35 degradation steps have thus been achieved. Hood et al. [37] reported the comparison of chains from 20 different myeloma proteins based on the sequence of the first 23 N-terminal residues, and Wang et al. [38] reported 27 degradation steps carried out on heavy chains from various classes of immunoglobulins. Not all publications can be discussed in this article, representative are references [39-48].

Application of the "Sequencer" is quite recently gaining in importance in additional areas. The instrument is employed for comparative studies or as an aid for projects already in progress. Thus, Hermodson et al. [49] published a comparative study on the first 20 N-terminal residues of three different trypsinogens. Brewer and Ronan [50] reported the elucidation of the amino acid sequence of bovine parathyroid hormone, a protein of 84 residues. The sequence had first been obtained by manual Edman degradation of the tryptic peptides. Automated Edman degradation was extended from the N-terminal residue to position 66 confirming the previously obtained data of the manual procedure. Tanaka et al. [51] investigated flavodoxin, a protein of 137 amino acid residues. The sequence of the first 41 N-terminal residues was determined by automated sequencing and confirmed by sequencing of trypsin and cyanogen bromide derived peptides from this area. The remaining two thirds of the protein were investigated in the usual manner by manual Edman degradation. Walter et al. [52] succeeded by almost exclusive application of the "Sequencer" in elucidating the sequence of amino acids in neurophysine II, a protein of 97 residues. The sequence was first established for positions 1 through 60, and with 10 gaps further to position 80. Then, a chymotryptic peptide comprising positions 43 through 97 was isolated and degraded to position 88, confirming and extending the previously obtained data. The sequence of the remaining 9 C-terminal amino acids was determined by a combination of manual Edman degradation and treatment with carboxypeptidases A and B. This work represents a typical example of the facilisation and acceleration of sequence analysis afforded by application of the automated Edman degradation.

The difficulties encountered in the analysis of short peptides are reflected by the paucity of publications describing the elucidation of the amino acid sequence of short peptides with the aid of volatile buffers. Such buffers have been employed by Niall et al. [53,54] for their investigations on lactogenic and growth hormone. However, a detailed description of the experimental conditions and the results obtained has yet to be awaited.

6. Final Remarks

The stepwise chemical degradation of peptide chains with Edman's method represents one of the truly significant additions to the inventory of methods in modern biochemistry. Without this procedure the rapid development within recent years of our knowledge about structure and function of proteins would have been impossible (see [55]). Attempts based on different chemical reactions have not yet yielded practical methods [56-62].

Within the last two years since the "Sequencer" of Beckman Instruments became generally available, the automated method has been successfully applied predominantly to comparisons of homologous proteins such as the immunoglobulins. Elucidation of the sequence of 20 to 30 N-terminal residues in peptides as long as the L-chains, comprising 214 amino acids or the H-chains with more than 400 residues would have been impossible to achieve by the manual procedure without prior cleavage of the molecules and isolation of the N-terminal regions.

The feasibility of 60 and more consecutive degradation cycles, of course, also facilitates complete sequencing of proteins. In these cases the "Sequencer" requires new strategies for the fragmentation of proteins into suitable peptides. Instead of cleavage into a large number of small peptides and their laborious separation, efforts must now be directed towards adroit preparation of large overlapping peptides. Although large areas of a protein may be expected to be amenable to the automated procedure, there will frequently remain C-terminal sequences in the form of short peptides which must be investigated separately. Investigation of such short peptides is at present still difficult, and recourse to the manual degradation procedure cannot always be avoided.

In future, further perfection of the automated degradation may be expected. Developments in progress are aiming, on the one hand, at improving the study of proteins. Thus, refinements in the chemistry of degradation (*e.g.* milder conditions for cleavage) and technical improvements should further increase the number of identifiable degradation steps. On the other hand, attempts are being made to better adapt the procedure to the study of short peptides. Attempts to replace Quadrol by volatile buffers such as DMAA have been reported above. In a different approach, attempts have been made to decrease the solubility of the peptides by introducing polar groups. Thus, Braunitzer *et al.* [63] proposed to react lysine containing peptides with sulphophenylisothiocyanate, and Niall *et al.* [53] modified peptides by succinylation.

So far, only the coupling and the cleavage reactions have been automated. Future developments might provide automated conversion of the liberated thiazolinone derivatives into phenylthiohydantoins and their automated identification. Alternatively, mass spectrometry which has as yet rarely been employed for identification may be applied directly to the thiazolinones dispensing altogether with the conversion step [64].

Recently, Laursen [65] realized the concept of a novel "Peptide-Sequencer" based on the chemistry of the Edman degradation, adapted to solid phase chemistry. The peptide under investigation is covalently linked to a resin packed into a column. The reactions are carried out by pumping the reagents and solvents through the column as required. This method appears to be particularly suitable for shorter peptides and may be regarded as an excellent supplement to the "Sequencer" based on Edman's design.

Based on hitherto developments it might be expected that completely automated sequencing of peptides will ultimately become feasible one way or another. It should not be forgotten, however, that prior to automated degradation the protein must still be isolated and characterized and in many cases suitably fragmented into peptides which must again be isolated and purified. At present, there appears to be no prospect of automating *these* tasks. For some time to come, progress in this area will still depend on the skill and perseverence of biochemists.

Acknowledgements. The sequence work of the authors was supported by the Deutsche Forschungsgemeinschaft (Sonderforschungsbereich 51).

7. References

[1] Edman, P.: Acta Chem. Scand. *4,* 283 (1950).
[2] Schroeder, W. A., in: Methods in Enzymology. Vol. XI: Enzyme Structure (ed. C. H. W. Hirs), p. 445. New York and London: Academic Press 1967.

3) Königsberg, W., in: Methods in Enzymology, Vol. XI: *Enzyme Structure* (ed. C. H. W. Hirs), p. 461. New York and London: Academic Press 1967.

4) Gray, W. R., in: Methods in Enzymology, Vol. XI: Enzyme Structure (ed. C.H.W. Hirs) p. 469. New York and London: Academic Press 1967.

5) Blombäck, B., Doolittle, R. F.: Acta Chem. Scand. *17*, 1819 (1963).

6) Niall, H. D., Keutmann, H. T., Copp, D. H., Potts, J.T.,Jr.: Proc. Nat. Acad. Sci. *64*, 771 (1969).

7) Edman, P., Begg, G.: Eur. J. Biochem. *1*, 80 (1967).

8) Bergmann, M., Miekeley, A.: Ann. Chem. *458*, 40 (1927).

9) Abderhalden, E., Brockmann, H.: Biochem. Z. *225*, 386 (1930).

10) Edman, P.: Proc. Roy. Australian Chem. Inst. *24*, 434 (1957).

11) Edman, P.: Ann. N. Y. Acad. Sci. *88*, 602 (1960).

12) Blombäck, B., Blombäck, M., Edman, P., Hessel, B.: Biochim. Biophys. Acta *115*, 371 (1966).

13) Edman, P., in: Protein Sequence Determination (ed. S.B. Needleman), p. 211. Berlin-Heidelberg-New York: Springer 1970.

14) Ilse, D., Edman, P.: Australian J. Chem. *16*, 411 (1963).

15) Cleland, W. W.: Biochemistry *3*, 480 (1964).

16) In Sequence, p. 31−5. Palo Alto, Calif.: Spinco Division of Beckman Instruments Inc. 1971.

17) Edman, P., Sjöquist, J.: Acta Chem. Scand. *10*, 1507 (1956).

18) Pisano, J. J., Bronzert, T. J.: J. Biol. Chem. *244*, 5597 (1969).

19) Van Orden, H., Carpenter, F.: Biochem. Biophys. Res. Commun. *14*, 399 (1964).

20) Africa, B., Carpenter, F.: Biochem. Biophys. Res. Commun. *24*, 113 (1966).

21) See Section 3 in the Instruction Manual of the Beckman Protein Peptide Sequencer. Palo Alto, Calif.: Spinco Division of Beckman Instruments Inc. 1970.

22) Klebe, J. F., Finkbeiner, H., White, D. M.: J. Am. Chem. Soc. *88*, 3390 (1966).

23) Acher, R., Crocker, C.: Biochim. Biophys. Acta *9*, 704 (1952).

24) Yamada, S., Itano, H. A.: Biochim. Biophys. Acta *130*, 538 (1966).

25) Easley, C. W.: Biochim. Biophys. Acta *107*, 386 (1965).

26) Honegger, C. G.: Helv. Chim. Acta X LIX, *1*, 173 (1961).

27) Fietzek, P. P., Furthmayr, H., Kell, J., Kühn, K.: Biochem. Biophys. Res. Commun., submitted for publication.

28) Kühn, K., Eggl, M.: Biochem. Z. *346*, 197 (1966).

29) Stark, M., Kühn, K.: Eur. J. Biochem. *6*, 534 (1968).

30) Mark, v.d.K., Rexrodt, F., Wendt, P., Kühn, K.: Eur. J. Biochem. *16*, 143 (1970).

31) Rauterberg, J., Kühn, K.: Eur. J. Biochem. *19*, 398 (1971).

32) Fietzek, P. P., Münch, M., Breitkreutz, D., Kühn, K.: FEBS Letters *9*, 229 (1970).

33) Fietzek, P. P., Kühn, K.: In preparation.

34) Fietzek, P. P., Kühn, K.: In preparation.

35) Fietzek, P. P., Rexrodt, F., Wendt, P., Stark, M., Kühn, K.: Eur. J. Biochem, submitted for publication.

36) Rauterberg, J., Fietzek, P. P., Rexrodt, F., Becker, U., Stark, M., Kühn, K.: FEBS Letters *21*, 75 (1972).

37) Hood, L. E., Potter, M., McKean, D. J.: Science *170*, 1207 (1970).

38) Wang, A. C., Pink, J. R. L., Fudenberg, H. H., Ohms, J.: Proc. Nat. Acad. Sci. *66*, 657 (1970).

39) Capra, J. D., Kunkel, H. G.: Proc. Nat. Acad. Sci. *67*, 87 (1970).

40) Hood, L. E., Eichmann, K., Lackland, H., Krause, R. M., Ohms, J. I.: Nature *228*, 1040 (1970).

41) Köhler, H., Shimizu, A., Paul, C., Moore, V., Putnam, F. W.: Nature *227*, 1318 (1970).

P. P. Fietzek and K. Kühn

42) Kubo, R. T., Rosenblum, I. Y., Benedict, A. A.: J. Immunol. *105*, 534 (1970).
43) Terry, W. D., Ogawa, M., Kochwa, S.: J. Immunol. *105*, 783 (1970).
44) Terry, W. D., Ohms, J.: Proc. Nat. Acad. Sci. *66*, 558 (1970).
45) Wang, A. C., Wilson, S. K., Hopper, J. E., Fudenberg, H. H., Nisonoff, A.: Proc. Nat. Acad. Sci. *66*, 337 (1970).
46) Appella, E., Chersi, A., Roholt, O. A., Pressman, D.: Proc. Nat. Acad. Sci. *68*, 2569 (1971).
47) Capra, J. D.: Nature New Biol. *230*, 61 (1971).
48) Kaplan, A. P., Hood, L. E., Terry, M. D., Metzger, H.: Immunochemistry *8*, 801 (1971).
49) Hermodson, M. A., Tye, R. W., Reeck, G. R., Neurath, H., Walsh, K. A.: FEBS Letters *14*, 222 (1971).
50) Brewer, H. B., Jr., Ronan, R.: Proc. Nat. Acad. Sci. *67*, 1862 (1970).
51) Tanaka, M., Haniu, M., Yasunobu, K. T.: Biochem. Biophys. Res. Commun. *44*, 886 (1971).
52) Walter, R., Schlesinger, D. H., Schwartz, I. L., Capra, J. D.: Biochem. Biophys. Res. Commun. *44*, 293 (1971).
53) Niall, H. D., Keutmann, H., Sauer, R., Hogan, M., Dawson, B., Aurbach, G., Potts, J., Jr.: Hoppe-Seylers Z. Physiol. Chem. *351*, 1586 (1970).
54) Niall, H .D., Hogan, M. L., Sauer, R., Rosenblum, I. Y., Greenwood, F. C.: Proc. Nat. Acad. Sci. *68*, 866 (1971).
55) Dayhoff, M. O. (ed.): Atlas of Protein Sequence and Structure. Vol. 4. Silver Spring, Maryland, USA: National Biomedical Research Foundation 1969.
56) Holley, R. W., Holley, A. D.: J. Am. Chem. Soc. *74*, 5445 (1952).
57) Collman, J. P., Kimura, R.: J. Am. Chem. Soc. *89*, 6096 (1967).
58) Schlack, P., Kumpf, W.: Hoppe-Seylers Z. Physiol. Chem. *151*, 125 (1926).
59) Khorana, H. G.: J. Chem. Soc. *1952*, 2081.
60) Kenner, G. W., Khorana, H. G., Stedman, R. J.: J. Chem. Soc. *1953*, 673.
61) Bailey, J. L.: J. Biochem. (Tokyo) *60*, 173 (1955).
62) Yamashita, S.: Biochim. Biophys. Acta *229*, 301 (1971).
63) Braunitzer, G., Schrank, B., Ruhfus, A.: Hoppe-Seylers Z. Physiol. Chem. *351*, 1589 (1970).
64) Fairwell, T. and Lovins, R. E.: Biochem. Biophys. Res. Commun. *43*, 1280 (1971).
65) Laursen, R. A.: Eur. J. Biochem. *20*, 89 (1971).
66) Niall, H. D.: Fractions *2*, 1 (1969). News of Biochemical Instrumentation, Palo Alto, Calif.: Spinco Division of Beckman Instruments, Inc.
67) Mark, v.d.K., Wendt, P., Rexrodt, F., Kühn, K.: FEBS Letters *11*, 105 (1970).

Received December 3, 1971

Der Analysenautomat DSA—560

Dr. Heinz Clever

Beckman Instruments GmbH, München

Inhalt

1. Das Konzept

Die Entwicklung der medizinischen Wissenschaft in den letzten Jahren hat es mit sich gebracht, daß die Krankenhausmedizin in den Gebieten der klinischen Chemie, Biochemie, Histochemie, Haematologie u.a. zum Zwecke der Diagnostik und Verlaufskontrolle einen Umfang angenommen hat, dem nur durch wesentlich verbesserte labortechnische Maßnahmen begegnet werden kann.

In mittleren und großen Kliniken und Instituten ist deshalb die Zahl der Untersuchungen, die jährlich um 20% ansteigt, nur noch mittels automatisier-

Abb. 1. Analysenautomat DSA—560

tem Ablauf der Analysengänge zu bewältigen. Diesen Tatsachen entsprechend, wurde in den Vereinigten Staaten von Beckman Instruments in Zusammenarbeit mit medizinischen Sachverständigen und unter lang dauernden Prüfungen in zahlreichen klinischen Laboratorien der Analysenautomat DSA−560 (*Discrete Sample Analyzer*) entwickelt.

Als Grundforderung für das Gerät hatten sich primär folgende Notwendigkeiten ergeben:

1. Genauere Messungen als manuell möglich.
2. Zuverlässigkeit auch bei ununterbrochenem Betrieb.
3. Vielseitigkeit bezüglich der durchführbaren Analysenmethoden.
4. Kurze Analysenzeit und dadurch hoher Proben-Durchsatz.
5. Anlauf und Anhalt des Analysenganges jederzeit möglich.
6. Beste Technik des Abtrennens von Niederschlägen.
7. Volumen von Proben und Reagentien im Mikrobereich.
8. Meßdatenausgabe in gewünschten Meßeinheiten.

Der klinische Chemiker hat das Recht, seine eigene Analysentechnik zu wählen und deren Manipulationen auf den Automaten übertragen zu können. Dies ist beim DSA gegeben. Alle chemischen Reaktionen finden in separaten Probengefäßen statt, die offen im Blickfeld liegen. Dabei stimmen die programmierten Schritte des Verfahrens weitestgehend mit den Manipulationen überein, die ein Labortechniker anwendet.

Die Vermessung von Einzelproben bietet gegenüber einer kontinuierlichen Durchflußmethode, die man auch in Erwägung ziehen könnte, bestimmte Vorteile. Die eindeutige Probenidentifizierung ist einfacher möglich. Verschleppungen und Verunreinigungen sind ausgeschlossen. Blindwertmessungen können ohne Herabsetzung der Analysenfrequenz jederzeit durchgeführt werden, wodurch die Genauigkeit und Richtigkeit der Meßdaten eine wesentliche Steigerung erfahren. Die Abtrennung von Ausfällungen, z.B. von Eiweiß und Zellresten, ist im Laufe des Analysenganges durch Vakuumfiltration möglich. Das Durchmischen von Probe und Reagens erfolgt schnell und sauber mittels einer Luftdüse. Die Probenmengen können im Mikrobereich (10−25 µl) gewählt werden, d.h. von wenigen Tropfen Blut lassen sich bis zu zwölf Präzisionsanalysen durchführen, was bei Pädiatrie, Geriatrie und Notfalluntersuchungen von Bedeutung ist. Bei Dringlichkeit und Bevorzugung einer einzelnen Untersuchung kann eine solche ohne weiteres in den Gang einer Analysenserie eingeschleust werden.

2. Der Analysenweg

Der drehbare *Probenteller* nimmt bis zu 40 Proben auf, die sich in Gefäßen verschiedener Art, wie Mikroteströhrchen, Plastikbechern, Zentrifugengläsern oder Reagensgläsern befinden können. Die Probenaufnahme-Sonde wird über den Probenteller ausgefahren und dieser gleichzeitig angehoben. Die Probenmenge wird angesaugt und in ein *Plastik-Einweg-Reaktionsgefäß,* das sog. „Q-cup", überführt. Dieses hat fünf becherförmige Vertiefungen, welche, entsprechend der Programmierung, die Probenmengen verschiedener Proben, oder aliquote Mengen der gleichen Probe, oder Blindwertproben aufnehmen. Nach jeder Analysenstufe rücken die Q-cups einen Schritt weiter und machen einem neuen Gefäß Platz.

Die *Pipettier- und Verdünnungs-Einheiten* sind Doppelkolbenpumpen, die in den Größen 50, 100, 250, 500 und 1000 μl Volumen verfügbar sind und deren Fördermenge zwischen 0 und 100% des Totalvolumens einstellbar ist. Die Pumpen sind mit destilliertem Wasser gefüllt, das den Hub über ein Ventilsystem hydraulisch weiterleitet. Dadurch wird erreicht, daß die Pumpen niemals mit Reagentien oder Proben in Berührung kommen, daher nicht verschmutzen und nicht gereinigt zu werden brauchen. Dies erleichtert auch die Umstellung auf ein neues Programm, was in 5 bis 15 Minuten geschehen kann.

Ist eine *Enteiweißung* erforderlich, kann diese in den automatischen Analysenablauf einprogrammiert werden. Die Proben werden zunächst chemisch enteiweißt. Dann setzt die Filtrier-Einheit ein Filterhütchen mit Filterpapierboden auf das Q-cup, und eine im Gerät eingebaute Vakuumpumpe saugt die Flüssigkeit durch den Boden in das Filterhütchen. Aus diesem wird das proteinfreie Filtrat mit Hilfe einer Transferier-Einheit in eine andere Vertiefung des Q-cups überführt. Im letzten Stadium der Analyse wird der nach Vorspülung und Füllung der Photometerküvetten im Q-cup verbleibende Rest des Reaktionsgemisches separat abgesaugt, und das leere Q-cup fällt in den Abfallbehälter.

Alle Teile am DSA−560, die zur Probenaufnahme und -übertragung sowie zur Reagenszugabe dienen, sind aus Teflon®. Ihre nicht benetzbaren Oberflächen werden darüber hinaus nach jeder Probenaufnahme und Reagenszugabe automatisch mit destilliertem Wasser gespült. Mit allen diesen Maßnahmen wird eine außergewöhnlich große Zuverlässigkeit, Genauigkeit und Richtigkeit der Meßergebnisse erzielt.

Ein wesentliches Kriterium des DSA−560 ist die in diesem Zusammenhang neuartige Anwendung einer *„Fluidics"-Prozeßsteuerung.* Die gesamten mechanischen Funktionen des Geräts werden nicht durch Elektronik, Getriebe, Motoren und Kontakte, sondern durch Druckluft über pneumatische Bauelemente gesteuert. Das ist von wesentlicher Bedeutung für die Betriebssicherheit eines derartigen Systems, bei dem Ausfälle eine ernstere Situation schaffen, als es andere Typen von Laborgeräten tun würden. Das ganze Bemühen bei der Konzipierung zielte dahin, in der gesamten Instrumentation die Anzahl der elektrischen Kontakte auf ein Minimum zu reduzieren, um schon dadurch die Zuverlässigkeit in einer korrosiven Laborumwelt zu erhöhen. Die unumgänglich notwendigen Kontakte sind luftdicht gekapselt und befinden sich in Niederspannungs-Schaltkreisen. Durch die Pneumatik erleidet die Schnelligkeit des Probendurchsatzes keine Einbuße. Pro Stunde können im Einkanalbetrieb maximal 120 Analysen und im Zweikanalbetrieb 160 Analysen gefahren werden.

Das Gerät enthält eine *Inkubationseinheit,* die stets betriebsbereit gehalten und durch Betätigung eines Kippschalters in den Ablauf der Analyse eingefügt werden kann. In dem völlig geschlossenen System wird eine Aethylenglykol-Mischung, die auf eine Temperatur, wählbar zwischen 30 und 65 °C, geregelt ist, von einer einfachen gekapselten Magnetpumpe in einem Temperierblock in Umlauf gehalten. Korrosion, Bakterienbefall und Verdunstung sind völlig ausgeschlossen, so daß Störungsfreiheit gesichert ist. Die Inkubationszeit ist programmierbar.

Nach Beendigung der Probenbehandlung durch die programmierten Analysenschritte der Probenabmessung, Verdünnung, eventuelle Aufteilung und Überführung, Reagenszugabe und Reaktion, sowie Inkubation, die erforderlichenfalls bei erhöhter Temperatur stattfindet, erreicht das Q-cup mit den Reaktionsgemischen den Probenaufnehmer für das *Photometer.* Die Küvetten des Photometers werden selbsttätig zunächst fünfmal mit kleinen Mengen des Reaktionsgemisches gespült und dann gefüllt. Die Photometerküvetten sind paarweise vermessen und haben eine Schichttiefe von 2 mm. Sie sind separat durch Peltier-Elemente auf 0,1 °C genau thermostatisiert, was besonders für die Bestimmung von Enzymen wichtig ist. Das Zweistrahlsystem des DSA−560-Filterphotometers ermöglicht die gleichzeitige Mitbestimmung von Serum- bzw. Reagentien-Leerwerten, ohne Verlangsamung des Probendurchsatzes. Das Filterphotometer arbeitet im Bereich von 340 – 700 nm. Die wählbaren Filter sind in einem Revolver angeordnet und manuell oder programmiert automatisch in den Strahlengang einzuschalten. Die Extinktion des Leerwertes wird von derjenigen der Probe subtrahiert und die Differenz als Meßwert in Konzentrationseinheiten ausgegeben.

Die Darstellung der *Meßwerte* erfolgt entweder digital über eine Teletype-Schreibmaschine oder analog über einen Kompensationsschreiber (z.B. Beckman 10-Zoll-Schreiber). Der Analogschreiber stellt in sinngetreuer und maßgerechter Weise, z.B. kinetische Vorgänge, wie sie in der Enzymchemie bedeutungsvoll sind, augenfällig dar. Bei Verwendung der Teletype-Schreibmaschine kann gleichzeitig ein Lochstreifen gestanzt werden, der zur Datenspeicherung und späteren off-line-Datenverarbeitung dienen kann.

Über geeignete Interfaces können die Ergebnisse auch direkt gängigen oder speziellen Computersystemen zugeführt werden, die sie on-line verarbeiten.

3. Standardmethoden

Als Beispiel seien einige markante Standardmethoden zur Direktbestimmung sowie mittels NAD-Reduktion (optischer Test bei 340 nm) als kinetische Messung oder mit der Zweipunkt Methode aufgeführt:

Einzelmethoden	Literatur
Albumin	Louderbach, Mealey, Taylor: Abstracts 20th National Meeting American Association of Clinical Chemists, Washington, D.C. 1968. Martinek: Clin. Chem. *11*, 441 (1965).
Alkohol, kinetisch im UV	Jones, Gerber, Drell: Clin. Chem. *16*, 402 (1970).
Bilirubin-Total	Jendrassik, Grof: Biochem. Z. *297*, 81 (1938).
Chloride	Schoenfeld, Lewellen: J. Clin. Chem. *10*, 533 (1964).
CPK	Rosalki: Lab. Clin. Med. *69*, 696 (1967). Trayser, Seligson: Clin. Chem. *15*, 6 (1969).
Glukose	Kornberg, Horecker: Methods in Enzymology (Hrsg. Colowick und Kaplan), Bd. 1, S. 323, 324. New York: Academic Press 1955. Keston, Teller: Abstracts Meeting ACS P31C, Dallas, April 1956 und ACS P69C, Atlantic City, Sept. 1956. Ware, Marbach: Clin. Chem. *14*, 548 (1968). Glucostat®, Worthington Biochemical Corp., Freehold, New Jersey. Welch, Danielson: Am. J. Clin. Pathol. *38*, 251 (1962).
Harnsäure	Brown: Biol. Chem. *158*, 601 (1945). Krautman: Am. J. Clin. Pathol. *11*, Techn. Suppl. 5, 67 (1941).
Harnstoff-Stickstoff (BUN)	Chaney, Marbach: Clin. Chem. *8*, 130 (1962).
(α) HBDH	Rosalki, Wilkinson: Nature *188*, 1110 (1960).
Calcium	Kessler, Wolfman: Clin. Chem. *10*, 686 (1964).
Kreatinin (Jaffé Reaktion)	Taussky: J. Biol. Chem. *208*, 853 (1954).
Jod an Protein gebunden	Chaney: Protein Bound Jodine, Beckman Procedure 83 950. Beckman Instruments.
LDH	Amador, Dorfman, Wacker: Clin. Chem. *9*, 391 (1963). Wacker, Ulmer, Vallee: New Engl. J. Med. *225*, 449 (1956). Trayser, Seligson: Clin. Chem. *15*, 6 (1969).
Phosphor, anorganisch	Dryer, Tammes, Routh: J. Biol. Chem. *225*, 177 (1957). Hycel Phosphorus Determinations; Publikation von Hycel Inc., Houston, Texas.
Phosphatase, alkalisch	Bessey, Lowry, Brock: J. Biol. Chem. *164*, 321 (1946). Bowers, McComb: Clin. Chem. *12*, 70 (1966). Trayser, Seligson: Clin. Chem. *15*, 6 (1969). Babson: Clin. Chem. *11*, 789 (1965). Babson, Greely, Coleman, Phillips: Clin. Chem. *12*, 482 (1966).

Fortsetzung

Einzelmethoden	Literatur
Protein, Gesamt-	Henry, Sobel, Berkman: Anal. Chem. *29*, 1491 (1957). Chaney: Unveröffentl. Mitteilung, beschrieben in Beckman Procedure 83, 948.
SGOT	Amador, Wacker: Clin. Chem. *8*, 343 (1962). Amador *et al.:* Am. J. Clin. Pathol. *47* (4), 419 (1967). Karmen, Wroblewski, La Due: J. Clin. Invest. *34*, 126 (1955). Babson, Shapiro, Williams, Phillips: Clin. Chim. Acta *7*, 199 (1962). Reitman, Frankel: Am. J. Clin. Pathol. *28*, 56 (1957). Trayser, Seligson: Clin. Chem. *15*, 6 (1969).
SGPT	Henry, Chiamori, Golub, Berkman: Am. J. Clin. Pathol. *34*, 381 (1960). Wroblewski, La Due: Proc. Soc. Exp. Biol. Med. *90*, 210 (1955). Reitman, Frankel: Am. J. Clin. Pathol. *28*, 56 (1957). Trayser, Seligson: Clin. Chem. *15*, 6 (1969).

Simultanbestimmungen	Literatur
Albumin/Gesamtprotein	Martinek: Clin. Chem. *11*, 441 (1965). Chaney: Unveröffentlicht. Henry, Sobel, Berkman: Anal. Chem. *29*, 1491 (1957).
Bilirubin direkt/gesamt	Jendrassik, Grof: Standard Methods of Clin. Chem. (Hrsg. S. Meites), Bd. 5, S. 55. New York: Academic Press.
CPK/SGOT	Rosalki: Lab. Clin. Med. *69*, 696 (1967). Karmen, Wroblewski, La Due: J. Clin. Invest. *34*, 126 (1955). Trayser, Seligson: Clin. Chem. *15*, 6 (1969).
Glukose/Harnstoff-Stickstoff	Ware, Marbach: Clin. Chem. *14*, 548 (1968). Chaney, Marbach: Clin. Chem. *8*, 130 (1962).
GOT/LDH	Karmen, Wroblewski, La Due: J. Clin. Invest. *34*, 126 (1955). Wacker, Ulmer, Vallee: New Engl. J. Med. *225*, 449 (1956). Trayser, Seligson: Clin. Chem. *15*, 6 (1969).
Calcium/Phosphor	Kessler, Wolfman: Clin. Chem. *10*, 686 (1964). Publikation Hycel Inc., Houston, Texas.
Kreatinin/Harnstoff-Stickstoff	Taussky: J. Biol. Chem. *208*, 853 (1954). Chaney, Marbach: Clin. Chem. *8*, 130 (1962).

Fortsetzung

Simultanbestimmungen	Literatur
LDH/CPK	Wacker, Ulmer, Vallee: New Engl. J. Med. *225,* 449 (1956).
	Rosalki: Lab. Clin. Med. *69,* 696 (1967).
	Trayser, Seligson: Clin. Chem. *15,* 6 (1969).
Phosphatase/Gesamtbilirubin	Bessey, Lowry, Brock: J. Biol. Chem. *164,* 321 (1946).
	Bowers, McComb: Clin. Chem. *12,* 70 (1966).
	Jedrassik, Grof: Biochem. Z. *297,* 81 (1938).
SGPT/GOT	Karmen, Wroblewski, La Due: J. Clin. Invest. *34,* 126 (1955).
	Wroblewski, La Due: J. Proc. Soc. Exp. Biol. Med. *90,* 210 (1955).
	Reitman, Frankel: Am. J. Clin. Pathol. *28,* 56 (1957)
	Trayser, Seligson: Clin. Chem. *15,* 6 (1969).
Serum-Eisen/Eisen-Bindungskapazität	Goodwin, Murphy, Guilemette: Clin. Chem. *12,* 2 (1966).

Für diese Methoden und zunehmend zahlreiche andere sind *Arbeitsblätter* verfügbar. Abb. 2 zeigt das Leerblatt mit Indices für die nachfolgende Erläuterung.

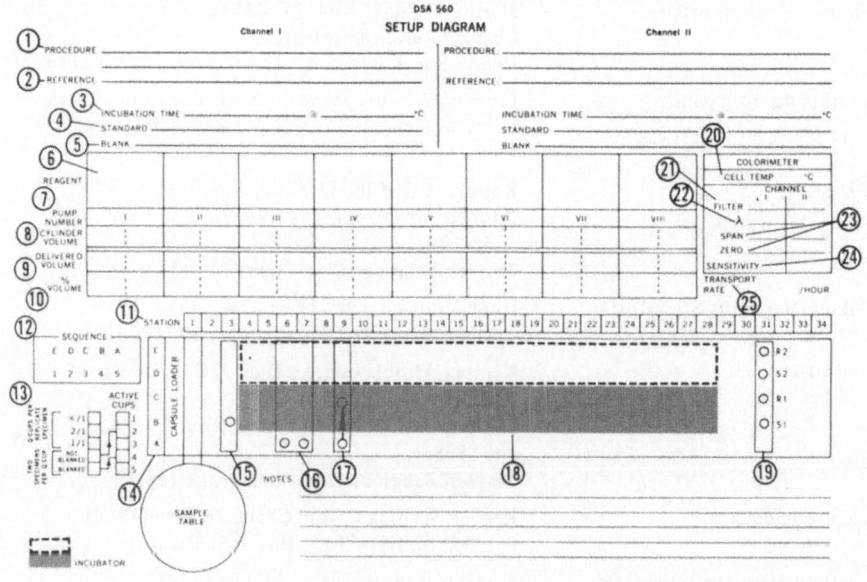

Abb. 2. Vordruck für das Arbeitsschema

Abb. 2 (Fortsetzung)

Bezugs-zahl	Bezeichnung oder Symbol	Erläuterung
1	Verfahren	Bezeichnung der durchzuführenden Bestimmung (z.B. Glukose).
2	Referenz	Hinweis auf Publikation, die der Methode zugrunde gelegt wurde.
3	Inkubationszeit	Erforderliche Inkubationszeit in Minuten. Der angegebene Temperaturwert entspricht der am Temperaturregler des Inkubators vorzunehmenden Einstellung.
4	Standard	Standardlösung, zur Eichung des Gerätes.
5	Leerwert	Serum- oder Reagenzien-Leerwert, wie angegeben.
6	Reagens	Das spezielle Reagens, das von der dazugehörigen 2-Zylinderpumpe aufgenommen und ausgeliefert wird.
7	Nummer der Pumpe	Die Einbaupositionen der 2-Zylinderpumpen sind von I bis VII durchnumeriert (v. links nach rechts).
8	Zylindervolumen	Gesamtvolumen des Pumpenzylinders in μl, wie auf dem Zylinder angegeben.
9	Auslieferungsvolumen	Flüssigkeitsmenge in μl, die vom entsprechenden Zylinder ausgeliefert wird.
10	% Volumen	Position des Einstellhebels am entsprechenden Zylinder. Die Position gibt an, wieviel Prozent des Gesamtvolumens während eines Arbeitszyklus ausgeliefert werden.
11	Station	Die Zahlen 1–34 bezeichnen die Stationen, die jedes Q-cup durchläuft. Sie geben auch die Positionen an, an denen ggf. eine Reagenszugabe-Einheit oder eine andere Einheit (Enteiweißung, Transfer) anzubringen ist.
12	Füllfolge	Schema der pneumatischen Programmierverbindungen, die in dem mit „Select Sequence of Filling" (Wahl der Füllfolge) bezeichneten Bedienungsfeld der Zähleinheit herzustellen sind. Diese Verbindungen bestimmen die Reihenfolge, in der die gewählten Vertiefungen jedes Q-cups mit der Probe gefüllt werden.
13	Programmierschalter	Anordnung der Programmier-Druckschalter auf der Schalttafel. In jeder der zwei Reihen ist eine Drucktaste zu drücken. Im ausgefüllten Methodenblatt ist jede zu drückende Taste an der entsprechenden Stelle durch ein "X" gekennzeichnet. Die linke Reihe hat 3 Druck-

Abb. 2 (Fortsetzung)

Bezugs-zahl	Bezeichnung oder Symbol	Erläuterung
		tasten in dem Feld, das mit „Q-cups per Replicate Specimen" (Zahl der Q-cups per Probe) bezeichnet ist, und 2 Tasten in dem Feld, das mit „Two Specimen per Cup" (2 verschiedene Proben pro Q-cup) bezeichnet ist. Die gewählte Drucktaste bestimmt, wie oft eine Probe in wieviele Q-cups verteilt wird. Die rechte Reihe, die mit „Active Cups" (zu füllende Vertiefungen) bezeichnet ist, hat 5 durchnumerierte Drucktasten. Die Zahl auf der gedrückten Taste gibt an, wieviele der 5 Vertiefungen eines jeden Q-cups mit Aliquoten der entsprechenden Probe gefüllt werden sollen.
14	Q-cup	Die Buchstaben A, B, C, D und E bezeichnen die 5 Vertiefungen des Q-cups.
15	Einfach-Reagenszugabe	Die über dem Symbol stehende Positionsnummer gibt die vorgeschriebene Stelle an, an der die Zugabe-Einheit anzubringen ist. Die Position des kleinen Kreises innerhalb des Symbols gibt an, in welche Vertiefung des Q-cups Reagens ausgeliefert werden soll. Im ausgefüllten Methodenblatt gibt eine römische Zahl im oberen Teil des Symbols die dazugehörige 2-Zylinderpumpe an.
16	Filtrier-Einheit	Das Symbol gibt die 2 nebeneinanderliegenden Positionen an, an denen der Filterhütchen-Speicher und der Filtrierkopf anzubringen sind.
17	Probenübertrage-Einheit	Der Pfeil in dem Symbol gibt an, aus welcher Vertiefung des Q-cups Filtrat entnommen und an welche Vertiefung (desselben Q-cups) ausgeliefert wird. Im ausgefüllten Methodenblatt gibt eine römische Zahl im oberen Teil des Symbols die dazugehörige 2-Zylinderpumpe an.
18	Inkubator	Das Symbol gibt den Betriebszustand (die Stellung) des Inkubators an. Wenn der Inkubator eingeschaltet ist, werden die Vertiefungen B und C der Q-cups von Position 4 bis einschließlich 28 inkubiert.
19	Probenaufnahme für Photometer	Die über dem Symbol stehende Positionsnummer gibt an, wo die Probenaufnahme anzubringen ist. Die mit S1 und R1 bezeichneten kleinen Kreise stellen die Aufnahme-Sonden dar, die mit der Proben- bzw. der Referenzküvette von

Abb. 2 (Fortsetzung)

Bezugs-zahl	Bezeichnung oder Symbol	Erläuterung
		Kanal 1 des Photometers verbunden sind. Die Kreise S2 und R2 stellen die Aufnahme-Sonden für Kanal 2 dar.
20	Küvettentemperatur	Einstellung der Temperaturregelung der Photometerküvetten.
21	Filter	Stellung des Filter-Einstellrades.
22	λ	Wellenlänge (in nm) des für die Bestimmung verwendeten Filters.
23	Potentiometer-Einstellung am Photometer (ZERO und SPAN)	Leerfelder zur Eintragung der entsprechenden Photometer-Einstellungen während der Eichung. Später können die ermittelten Werte als Richtwerte dienen, wenn dieselbe Methode wieder zur Anwendung kommt.
24	Empfindlichkeit	Einstellung der Empfindlichkeitsschalter am Photometer. Normalstellung der Schalter ist X1. Die Stellungen X3 und X6 sind nur zu wählen, wenn man mit dem Eichstandard einen besser geeigneten, höheren Meßwert erzielen will.
25	Probenrate	Anzahl der pro Stunde durchlaufenden Q-cups. Sie wird am „Tests Per Hour"-(Proben pro Stunde) Schalter eingestellt.

Abb. 3 zeigt ein Methodenblatt mit eingetragenen Arbeitsanleitungen für die 2-Kanal-Analyse SGOT/SGPT nach Trayser und Seligson.

Ein besonderer Vorzug des DSA-560-Systems ist der geringe *Chemikalienbedarf.* Für eine große Zahl von Analysen sind fertige Chemikalienpackungen erhältlich, mit denen 500 bis 1000, in manchen Fällen sogar 2000 Bestimmungen durchgeführt werden können, da wegen der sehr kleinen Probenmenge nur 0,5 bis 1 μl pro Untersuchung nötig sind. Damit ergeben sich Chemikalien-Kosten für eine Analyse zwischen 0,15 und 0,50 DM.

Der *Energiebedarf* für das Gerät ist gleichfalls gering. An elektrischer Leistung werden für die Digitalversion 1.500 Watt und für die Analogversion 1.000 Watt benötigt. Das Druckluftaggregat muß bei einem Druck zwischen 5 und 10 atü eine Durchflußrate von 50 Liter/min. bis maximal 140 Liter/min. liefern.

Im Gebiete der klinischen Chemie, dem Hauptanwendungsfeld des DSA–560, ist es von außerordentlicher Wichtigkeit, die *Fehlermöglichkeiten* unter Kontrolle zu halten, damit auch unplausible Meßwerte ihre Bedeutung behalten und nicht einer Insuffizienz der Labortechnik zugeschrieben werden.

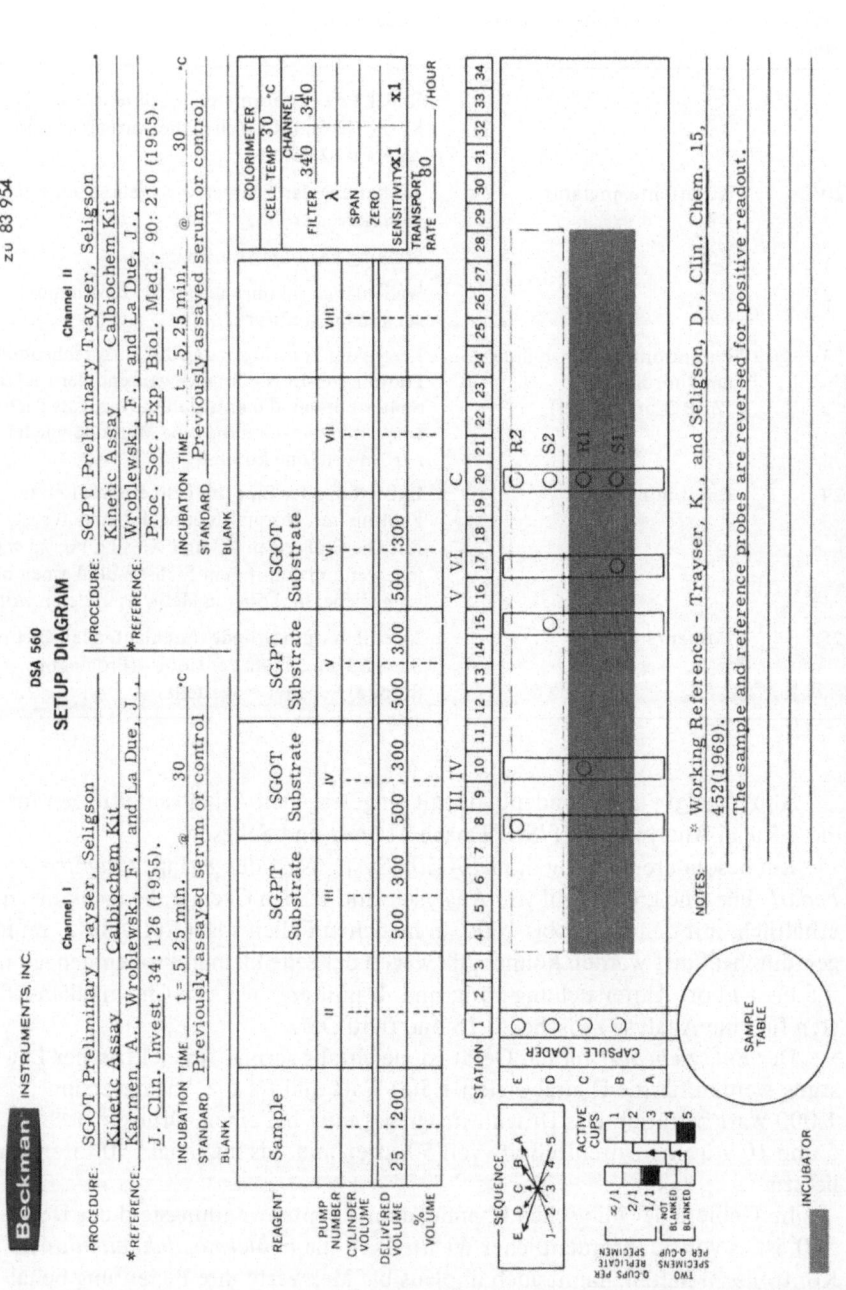

Abb. 3. Methodenblatt für 2-Kanal-Analyse (SGOT/SGPT)

40

Für alle Analysenverfahren ergibt sich beim heutigen Stand der Labortechnik die größte Fehlerrate immer noch bei der *Entnahme* der Probenmenge und bei Verdünnungen. Im DSA−560 bleiben die Pipettierfehler bei Mengen über 20 µl unter 0,2% und betragen weniger als 0,5% bei Mengen unter 20 µl. Die Drift während eines 24-Stunden-Betriebs beträgt im empfindlichsten Bereich des Filterphotometers, nämlich bei 0,1 E Vollausschlag, etwa 1%, entsprechend 0,001 E.

```
BESTIMMUNG VON BILIRUBIN-TOTAL ( MIT SERUM-LEERWERT ) NACH
JENDRASSIK-GROF
PROBENVOLUMEN : 15 MIKROLITER
PROBENRATE : 120 ANALYSEN/H
WELLENLAENGE : 600 NM
STANDARD : 10 MG/% ( BILIRUBIN CONTROL )
```

```
01 1975 1998 1999
02 1999
03 0001
04 0793 0871 0923 0986 1005
05 1009
06 1010
07 1007
08 1005
```

01 0316				W
02 0314	Sollwert 3,1 mg%	Mittelwert	3·1250	A◊
03 0314	(Monitrol II)			
04 0311				
05 0307		Standardabweichung	0·0300	A◊
06 0314				
07 0316		Variationskoeffizient	0·9600	A◊
08 0313				
09 0308				
10 0312				
01 0074				W
02 0073				
03 0073	Sollwert 0.7 mg%	Mittelwert	0·7250	A◊
04 0074	(Pool-Serum)			
05 0073		Standardabweichung	0·0100	A◊
06 0071				
07 0072		Variationskoeffizient	1·3793	A◊
08 0072				
09 0070				
10 0073				
01 0302				W
02 0304				
03 0301	Sollwert 3.0 mg%	Mittelwert	3·0330	A◊
04 0304	(Enza-Trol)			
05 0302		Standardabweichung	0·0173	A◊
06 0303				
07 0302		Variationskoeffizient	0·5703	A◊
08 0306				
09 0305				
10 0304				
01 0005				
02 0003				

Abb. 4. Datenausgabe bei Bestimmung von Bilirubin-Total (Die Messung und Berücksichtigung der Leerwerte erniedrigen die Probenrate nicht)

```
2-KANAL-ANALYSE

KANAL I  : ENZYMATISCHE BESTIMMUNG DER WAHREN GLUKOSE MIT
           GLUKOSEOXYDASE NACH WARE-MARBACH MIT SERUM-LEERWERT.
           PROBENVOLUMEN: 10 MIKROLITER, PROBENRATE: 80 ANALYSEN/H
           STANDARD: 250 MG/%

KANAL II: ENZYMATISCHE BESTIMMUNG VON HARNSTOFF MIT UREASE
           (BERTHELOT-REAKTION) NACH CHANEY UND MARBACH.
           PROBENVOLUMEN: 10 MIKROLITER, PROBENRATE: 80 ANALYSEN/H
           STANDARD: 50 MG/%
```

```
01 1995 1998
02 0001 1999
03 1998 0000
04 0558 0434 0266
05 0268 0260 0246 0250
06 0252 0385 0439 0487 0503
07 0249 0501
08 0251 0506
09 0250 0504
```

01 0279 0332		
02 0277 0328		
03 0274 0322	Glukose	MW 275·900 A◊
04 0276 0326	Sollwert 274 mg%	
05 0274 0324	(Patho-Trol)	StA 1·663 A◊
06 0275 0324		
07 0277 0320		VK 0·602 A◊
08 0277 0322		
09 0276 0323		
10 0274 0326		

Harnstoff MW 32·470 A◊
Sollwert 32.0 mg%
(Patho-Trol) StA 0·347 A◊
VK 1·068 A◊

01 0090 0120		
02 0089 0119		
03 0086 0118	Harnstoff	MW 86·900 A◊
04 0086 0115	Sollwert 11.8 mg%	
05 0087 0115	(Moni-Trol I)	StA 1·852 A◊
06 0085 0116		
07 0085 0114		VK 2·131 A◊
08 0085 0117		
09 0089 0114		
10 0087 0115		

Glukose MW 11·630 A◊
Sollwert 87 mg%
(Moni-Trol I) StA 0·212 A◊
VK 1·822 A◊

```
01 0004 1998
02 0002 0001
```

Abb. 5. Datenausgabe bei 2-Kanal-Analysen (hier Glukose/Harnstoff)

Die Analysenergebnisse werden in der in den Abb. 4 und 5 faksimilierten Form von der Teletype-Schreibmaschine ausgegeben. Die daraus mit einem Tischrechner (Olivetti Programma 101) errechneten Mittelwerte (MW), Standardabweichungen (StA) und Variationskoeffizienten (VK) sind in die Protokolle eingefügt.

Außer den ca. 30 Standardmethoden, für die bereits Testpackungen von Chemikalien und Methodenblätter zur Programmierung erhältlich sind, können eigene oder andere manuelle Methoden in den meisten Fällen in den DSA−560 programmiert werden

Der Übergang von einer Analysenmethode zu einer anderen ist mit Hilfe des Methodenblattes leicht und relativ schnell möglich. So wurde z.B. in einer Klinik, die den DSA−560 in ihrem Zentrallabor benutzt, die Umstellung von Glukose auf Harnstoff in zehn Minuten und von Harnstoff auf Total-Bilirubin in neun Minuten durch die angelernte Laborkraft komplett durchgeführt.

Das Hauptverwendungsgebiet des vollautomatischen Analysators DSA−560 liegt in Disziplinen der Krankenhausmedizin. Dabei muß stetige apparative Einsatzbereitschaft im 24-Stunden-Betrieb gewährleistet und nur zeitweiliger personeller Einsatz einer angelernten Laborkraft erforderlich sein.

Obwohl ursprünglich für den human-medizinischen Bereich konzipiert, ist der DSA−560 auch für andere wissenschaftliche Disziplinen geeignet. Hier sind zu nennen Veterinärmedizin, Pharmazie, Pharmakologie, Biologie, Forensische Medizin, Reihenuntersuchungen und das unübersehbare Gebiet der chemischen Verfahrenskontrolle.

Der DSA−560 ermittelt in seiner Standardausführung den Reaktionsablauf der Analyse durch Messung der Extinktion des Reaktionsgemisches mit einem Zweikanal-Doppelstrahl-Filterphotometer. Demnächst wird auch ein spezifiziertes *Flammenphotometer* als Detektorsystem verfügbar sein. Ein Fluorometerzusatz befindet sich in Entwicklung.

In Vorbereitung befindet sich außerdem eine neuartige positive Identifikationsmethodik, die bereits in Betrieb befindlichen DSA-Geräten später zugefügt werden kann. Die Entwicklung einer erweiterten Version des DSA für Vierkanal-Betrieb ist bereits abgeschlossen. Hiermit ist es möglich, simultan vier Bestimmungen durchzuführen. Als Beispiel sei genannt CPK, LDH, SGOT und alkalische Phosphatase.

Wegen des Aufbaus nach dem Baukastenprinzip, der Möglichkeit, jeden Analysengang einzuprogrammieren und nach Bedarf Zusatzgeräte anzufügen, dürfte der DSA−560 noch lange ein modernes Gerät für vollautomatische klinisch-chemische Analysen bleiben.

Eingegangen am 11. Dezember 1970

Ein Analysenautomat aus Bausteinen, die Braun-SysteMatik

Dr. Hans Krech

Melsungen

Inhalt

1. Das Konzept

Bei der Vielfalt der täglichen analytischen Arbeit erscheinen in mancher Hinsicht leicht anpassungsfähige Apparaturen wünschenswert. Greift man den Musterfall des medizinisch-klinischen Laboratoriums heraus, so führen zwar unsere höheren Ansprüche an die medizinische Diagnostik zu ständig wachsenden Mengen täglich zu analysierender Proben, es ist aber daneben kennzeichnend, daß an jeder Probe eine Reihe verschiedener chemischer Parameter individuell zu bestimmen ist.

Betrachtet man nur die klinische Chemie des Blutes oder Serums, so existieren dort rund 80 verschiedene Bestimmungsmethoden, davon höchstens 20 mit merklicher täglicher Häufigkeit, die jeweils der diagnostischen Fragestellung entsprechend angewendet werden müssen. Meistens handelt es sich um photometrische Methoden mit vorausgehender mehr oder minder zeitraubender Behandlung der Probe. In einer solchen Situation kann man entweder für jede Bestimmungsmethode einen eigenen Analysenautomaten oder Automatenkanal verwenden – der natürlich nur bei täglicher großer Häufigkeit wirtschaftlich auszunutzen ist – oder vorhandene Geräte nach Abschluß einer Bestimmungsreihe auf die nächste Methode umrüsten. Das ist natürlich nur dann sinnvoll, wenn durch den Umbau nicht zuviel Arbeitszeit verlorengeht. Auch sollten bislang manuell gehandhabte Methoden möglichst nicht verändert werden, denn Ergebnisse nach unterschiedlichen Methoden sind meist nicht ohne weiteres vergleichbar, sie erschweren den Erfahrungsaustausch zwischen den Laboratorien. Solche Forderungen stellen ein hohes Maß an Flexibilität und Adaptionsfähigkeit des Analysenautomaten.

Ein weiterer Gesichtspunkt, der beim Einführen der Automatisierung nicht unwichtig ist, ist die Einstellung des Bedienungspersonals. Ein Gerät, das bislang manuell ausgeführte Arbeiten *anschaulich* nachahmt, hat mehr Chancen, richtig bedient zu werden als eine „black box" mit Knopfdruckbetätigung oder ein nach ungewohnten Prinzipien arbeitender Apparat. Auch ist zu bedenken, daß je größer und spezieller ein Analysenautomat ist, umso größer auch die Gefahr, daß durch einen Gerätedefekt die Labororganisation durcheinandergebracht wird. Nicht-spezialisierte Geräte hingegen können einander aushelfen.

Analytische Methoden sind der ständigen Wandlung des Fortschritts unterworfen. Man möchte aber sicher sein, auch künftige Verfahren darauf ausführen zu können, gegebenenfalls durch nachträglich beschaffbare und einfach anzubauende Zusatzeinheiten.

Faßt man diese Überlegungen zusammen, so soll ein Analysenautomat, der nicht nur für große Probeserien, sondern auch für geringere Probenzahlen verwendbar ist, folgende Forderungen erfüllen:

1. Der Apparat soll so flexibel sein, daß er in kurzer Zeit und ohne besondere Verluste an Reagenz von einer Methode auf eine andere umzurüsten ist.

2. Der Apparat soll übersichtlich und mit Laborkenntnissen leicht zu bedienen sein; die Reaktion soll sichtbar bei möglichem Eingriff ablaufen.

3. Bisher manuell durchgeführte Methoden sollen leicht übertragbar sein.

4. Die Ergebnisse manueller und automatischer Bestimmung sollen vergleichbar sein.

5. Neue oder Sondermethoden sollen sich bequem adaptieren lassen.

6. Bei Ausfällen soll ein einfacher Austausch von Teilen an Ort und Stelle den Defekt beheben können.

2. Das Bausteinprinzip

Ein Analysenautomat aus BRAUN-SysteMatik-Bausteinen versucht diese Forderungen zu erfüllen. Die einzelnen Schritte der analytischen Arbeit – wie Dosieren der Probe, Pipettieren von Reagenzien, Transferieren, Inkubieren, Photometrieren, Umrechnen und Aufschreiben des Meßwertes, Identifizieren der Probe – werden von in sich geschlossenen Bausteinen übernommen, die einmal für die gewünschten Aufgaben zusammengestellt, durch Zwischenstecker elektrisch miteinander verbunden und mit Verriegelungsstiften gekuppelt werden.

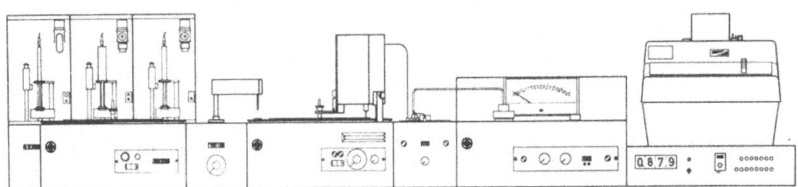

Skizze. Analysenautomat aus BRAUN-SysteMatik-Bausteinen: Von links nach rechts: Transporteinheit mit Probenring, Transferiereinheit mit Programmgeber, Inkubationseinheit mit aufgesetztem Entnahme- und Mischkopf und Zugabearm, Absaugeeinheit, Braun-Spektral-Photometer, Recheneinheit und Meßwertdrucker, in der hinteren Reihe die Zugabeeinheiten

So entsteht ein Block für die Probenvorbereitung, ein zweiter für die photometrische Messung und Auswertung (Skizze). Grundsätzlich läßt sich in diesem Aufbau jedes gute Photometer verwenden, wenn auch die Adaption bestimmter Fabrikate* besonders erprobt wurde. Die Arbeitsweise des Gerätes ist *diskontinuierlich:*

Aus der Zuführungs- oder (linken) Transporteinheit werden die Proben einzeln entnommen und in die (rechte) Inkubationseinheit transferiert.

Hier werden sie in getrennten Glasgefäßen für Einmalverwendung weiterbehandelt und nach Ablauf der Inkubation wiederum diskontinuierlich der Photometerküvette zugeführt.

---

* ZEISS-Photometer PM 4, PL 4 und PMQ II.

Ein Teil der Probe dient dabei zum Vorspülen. Das Meßergebnis wird selbsttätig in Konzentrationseinheiten des nachzuweisenden Stoffes umgerechnet und ausgedruckt. Gleichzeitig tastet eine photoelektrische Einrichtung die *Platznummer* der Probe im Zuführungsring ab und führt sie dem Meßwertdrucker zu, um eine eindeutige Kennzeichnung der Ergebnisse zu erreichen. Alle Dosier- und Pipettierschritte werden von Glasbüretten mit motorgetriebenen Teflon®-Kolben übernommen.

3. Der Reaktionsring

Das Grundprogramm läuft mit einer Zyklusdauer von 30 s, entsprechend einer Analysengeschwindigkeit von 120 Proben je Stunde, starr ab. Alle Modifikationen der Methodik erreicht man durch Variation der Zugabe-, Misch- und Entnahmepositionen auf dem *Reaktionsring* der Inkubationseinheit (Abb. 1).

Abb. 1. Blick von oben auf den Reaktionsring der Inkubationseinheit mit aufgesetzten Köpfen und Armen

Zu diesem Zweck sind auf der Mittelachse der Einheit verschiedenartige Köpfe und Arme aufzustecken und beliebig über dem Umfang der Reaktionsringes schwenkbar. Ihre Winkelstellung zur Zugabestelle der Probe bestimmt den Zeitpunkt der Einwirkung, denn alle 30 s bewegt sich der Reaktionsring eine Position weiter, in einer halben Stunde hat er sich einmal vollständig gedreht. Es ist also möglich, beispielsweise Inkubationszeiten bis zu 30 min in Halbminutenschritten, d.h. praktisch stufenlos zu wählen, entsprechend unbeschränkt den Zugabezeitpunkt von Reagenzien. Damit wird eine sehr große Flexibilität in der Anpassung an die verschiedenartigsten Methoden oder der Möglichkeit ihrer Optimierung erreicht. Ähnliches gilt auch für die Inkubationstemperatur. Der Reaktionsring (Abb. 1) mit den eingesetzten Gefäßen dreht sich über einem wärmefesten Kunststoffkanal, in dem ständig im Kreislauf temperierte Luft kräftig umgewälzt wird. Ein temperaturempfindlicher Halbleiter sorgt in Verbindung mit einer elektronischen Proportionalregelung der Heizleistung für die gewünschte Temperatur, die sich sowohl stufenlos von 20 ° bis 95 °C einstellen, als auch in den am häufigsten benötigten Festwerten in Stufen wählen läßt. Die geringe Wärmekapazität der Luft erleichtert den raschen Übergang von einer Bestimmungsmethode zur nächsten, wenn dabei die Temperatur geändert werden muß. Dadurch und mit dem verhältnismäßig weiten Temperaturumfang ist wiederum der Forderung nach bester Anpassungsfähigkeit Rechnung getragen. Die bereits erwähnten Motorbüretten sind ebenfalls diesem Bedürfnis entsprechend konstruiert. Die Einheiten sind beliebig aneinanderreihbar. Durch Tastendruck wählt man aus, welche von ihnen vom zentralen Programmgeber des Automaten her betätigt werden sollen. Die Büretten selbst sind rasch zu wechseln, der Kolbenhub stufenlos veränderlich; alle Schlauchverbindungen sind mit Steckkonen versehen. So ist es möglich, entweder die Abgabeschläuche wie ein elektrisches Kabel von einer Zugabeeinheit auf eine andere — für die nächste Bestimmung vorbereitete — umzustecken oder in wenigen Minuten die Büretten und Reagenzien zu wechseln. Ein geübter Benutzer erreicht mit diesem System eine Arbeitsgeschwindigkeit, die bereits von etwa 20 Proben je Bestimmung an die manuelle übertrifft. Diese mögliche Flexibilität wird durch einige weitere Details, wie: wahlweiser Betrieb mit Blindwertprogramm oder Einschalten einer Zusatzzeit zur Verlängerung der Inkubationszeit, automatischer 100%-Abgleich, Durchführbarkeit kinetischer Analysen mit Zusatzmoduln u.a. ergänzt.

4. Analytische Erfahrungen

In der letzten Zeit sind zahlreiche Analysenmethoden hauptsächlich der klinischen Chemie auf der SysteMatik-Anlage erprobt und optimiert worden, die wichtigsten sind in einer Tabelle zusammengestellt. Man erkennt, daß nicht nur gewöhnliche Endpunktmethoden mit den SysteMatik-Bausteinen durchführbar sind, sondern auch Doppelbestimmungen mit Probenleerwert mit Hilfe der eingebauten Blindwertautomatik, sowie kinetische Enzymaktivitätsbestimmungen mit einem Zusatzbaustein für kinetische Messungen. Nur für wenige Bestimmungen ist das Enteiweißen der Seren notwendig. Man führt mit Hilfe eines besonderen Zentrifugenringes diesen Vorgang für 60 Seren oder Blute gemeinsam

Tabelle. *Einige automatisierte Methoden der klinischen Chemie*

Untersuchung	Methode	Wellenlänge in nm	Temp. in °C	Inkubations- zeit in min	Analysen je h
Bilirubin	Jendrassik	546	Raum	10	60
Blutalkohol	ADH	365	37	25	72
Cholesterin	Liebermann, Burchard	578	37	10	120
Eisen	Batophenantrolin	546	45	10	60
Gesamteiweiß	Biuret	546	37	10	120
Blutzucker	o-Toluidin	578	95	20	120
Blutglucose	GOD	436	37	20	120
Blutglucose	HK	365	Raum	10	60
GOT	Kinetisch	365	25		24
GPT	Kinetisch	365	25		24
Harnsäure	Uricase	293	37	20	60
Harnstoff	Urease, Berthelot	546	56	12	120
αHBDH	Kinetisch	365	25		24
LDH	Kinetisch	365	25		24
Magnesium	Mann und Yoe	492	Raum	10	120
Neutralfett	Eggstein	365	Raum	20	30
Alk. Phosphatase	Bessey, Lowry und Brock	405	37	30	36
Saure Phosphatase	Andersch	405	37	30	36
Anorg. Phosphat	Fiske und Subbarow	578	Raum	30	72
Anorg. Phosphat	Raabe	578	Raum	30	72

halbautomatisch aus. Zunächst gibt man automatisch innerhalb der SysteMatik Probe und Enteiweißungsreagenz in den Zentrifugenring ein, setzt diesen von Hand in die Laborzentrifuge und nach dem Zentrifugieren in die Transporteinheit des Automaten, wo im weiteren der Überstand selbsttätig entnommen und wie gewünscht analysiert wird.

Der Anwender erhält für jede erprobte Methode ein Methodenblatt, in dem anschaulich alle Parameter und Einstellungen am schematisch dargestellten Gerät eingetragen sind. Ein Beispiel zeigt die Abb. 2.

5. Zuverlässigkeit

Wurde bisher nur die Zeitersparnis im Labor betrachtet, die ein Analysenautomat — und der beschriebene schon bei kleineren Untersuchungsserien — ermöglicht, so ist es andererseits nicht weniger wichtig, daß auch die Genauigkeit und Zuverlässigkeit der Analyse durch selbsttätig arbeitende Geräte im allgemeinen erhöht wird. Wenn auch bei dem biologischen Charakter von Körperflüssigkeiten niemals die Präzision klassischer nassanalytischer Bestimmungen erreichbar

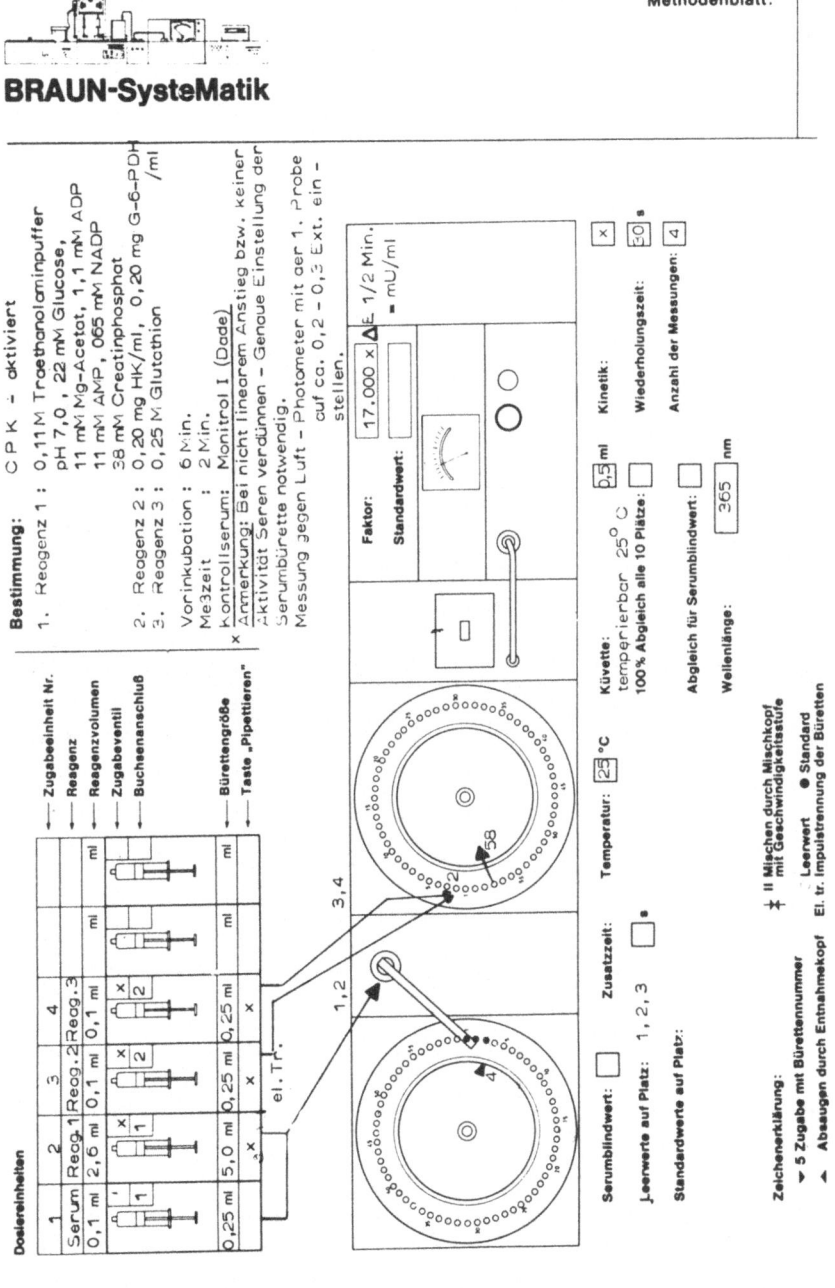

Abb. 2. Methodenblatt für die kinetische Bestimmung der aktivierten Creatinphosphat-kinase in Serum

sein wird, so verbessern gute und gleichbleibende Pipettiergenauigkeit, eindeutige Temperierung und genauer zeitlicher Ablauf der SysteMatik-Anlage ohne Zweifel die Aussagekraft der Ergebnisse gegenüber der mit persönlichen Fehlerquellen behafteten manuellen Analyse, für die die Wiederholgenauigkeit von Tag zu Tag ein Maß der Zuverlässigkeit ist (Abb. 3). Auch die Labororganisation läßt sich – zumal bei Ausnutzung der in der SysteMatik eingebauten codierten Platzidentifizierung: die Platznummer der Probe wird zusammen mit dem Analysenergebnis ausgedruckt – übersichtlicher gestalten.

UNTERSUCHUNG VON TAG ZU TAG

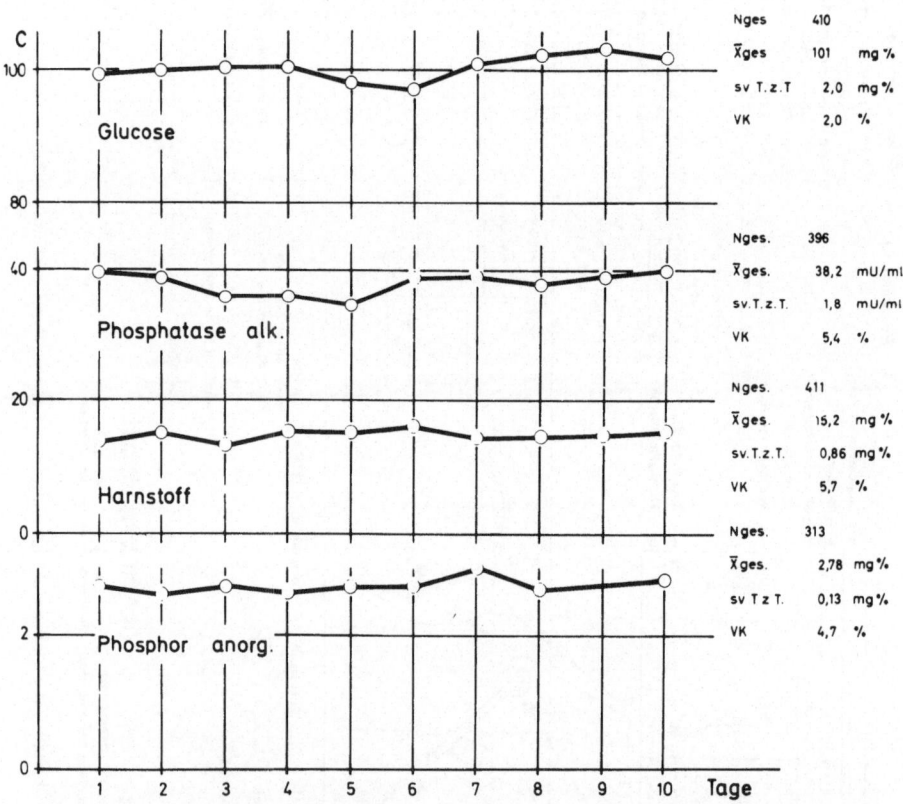

Abb. 3. Übersicht über die Streuung von Tag zu Tage verschiedener automatischer Bestimmungen mit der BRAUN-SysteMatik

Alle so unangenehmen Fehler, die beim Ausrechnen und Abschreiben von Ergebnissen, beim Übertragen von Labornummern und durch Verwechseln von Proben entstehen, werden drastisch reduziert. Die Streifen der Meßwertdrucker sind sowohl selbstklebend als auch mit Durchschlag erhältlich, wenn man es nicht vorzieht, mit dem Springwagen in vorbereitete Formularbögen einzudrukken.

Dieser erhöhten Zuverlässigkeit steht ein kennzeichnender Automatenfehler gegenüber – die *Verschleppung*. Sie entsteht einmal an der Kanüle, die die Probe aufnimmt und transferiert, dann beim Füllen der Meßküvette des Photometers. Die SysteMatik verwendet Kanülen aus Teflon® oder Polypropylen, d.h. schlecht benetzbaren Kunststoffen. Die aufgenommene Probe wird grundsätzlich mit großer Menge Verdünnungsmittel oder Reagenz quantitativ ausgespült. So entsteht an dieser Stelle ein Verschleppungsfehler – wir beziehen ihn auf die Differenz der zugehörigen Extinktionen – der kleiner als 0,5 % ist. Das Küvettensystem wird vor der Messung einmal mit der Meßflüssigkeit vorgespült, nach der Messung möglichst vollständig leergesaugt. Die noch verbleibende Verschleppung ist – abhängig von der Viskosität und Oberflächenspannung der Flüssigkeit – meist geringer als 1 %. Weil der Verschleppungsfehler systematischer Natur ist, läßt er sich sowohl durch Einschieben von Reagenzienleerwerten in den Ablauf einer Analysenreihe ständig überwachen, als auch für höchste Genauigkeit rechnerisch korrigieren, etwa wenn ein pathologischer hoher Wert einem Leerwert folgt.

6. Reagenzien-Bedarf

Neben Analysengeschwindigkeit und Genauigkeit interessiert häufig der Reagenzien- und Probenbedarf eines Automaten. Vom Ausgangspunkt der klinischen Chemie her, die mit geringen Mengen menschlichen Ausgangsmaterials auskommen möchte – ein Standpunkt, der besonders in der Pädiatrie seine Berechtigung hat, – ist die SysteMatik so ausgelegt, kleinste Probenmengen von 10 µl an aufwärts sicher zu dosieren. Auch mit solchen Werten ergeben jedoch die in hoher Verdünnung arbeitenden analytischen Methoden ausreichende Endvolumina zum Spülen und Füllen der Photometerküvette. Wer mit manuellen Mikromethoden umgeht, ist dort Ausgangsvolumina von ca. 500 µl gewohnt, die zum Photometrieren in Normalküvetten mit 10 mm Schichtdicke auslangen. Gerade die Erhaltung dieser standardisierten optischen Weglänge in der SysteMatik ist jedoch wieder Voraussetzung zur möglichst unmodifizierten Übernahme der manuellen Methoden. Das Prinzip des Vorspülens führt dann bei einem Messkammervolumen von 0,5 ml zu etwa 2 ml Endvolumen. Für sehr teure Reagenzien, wie sie bei einigen wenigen enzymatischen Testen benötigt werden, steht eine „Mikroküvette" mit halbem Kammerinhalt zur Verfügung.

Ein Analysenautomat tut übrigens gut daran, die Menge des zu pipettierenden Reagenzes nicht zu klein zu halten. Natürlich sind die Büretten geeignet, auch einen Tropfen noch sicher abzumessen. Ihn aber auch bei größerer Viscosität aus dem Zuführungsschlauch stets sicher in die Reaktionsgefäße gelangen zu lassen, setzt einige Sorgfalt der Bedienungsperson voraus. Aus diesen Gründen erfordert im allgemeinen eine Analysenanlage aus BRAUN-SysteMatik-Bausteinen die doppelte bis vierfache Reagenzmenge wie eine „klassische" Mikroanalyse. Andererseits läßt sich das Endvolumen auf 4,5 ml, mit besonderen Reaktionsgefäßen auf 7 ml steigern, wenn die Methode es erfordert oder anders ausgedrückt:

Der Benutzer hat es in der Hand, zwischen geringem Reagenzienverbrauch und optimalem Reaktionsablauf zu wählen.

Zu vernachlässigen sind die Energiekosten des Gerätes. Maximal 800 W Leistung bei 220 V Einphasenspannung sind jeder Steckdose zu entnehmen. Inkubationen unter 30 °C erfordern Kühlwasseranschluß. Luft oder andere Medien sind nicht erforderlich.

Aus den bisherigen Erörterungen geht hervor, daß die BRAUN-SysteMatik aus den Erfordernissen der *klinischen Chemie* entstanden ist. Ihre gute Anpassungsfähigkeit und Genauigkeit machen sie jedoch auch für andere Zwecke geeignet, wie vornehmlich die Wasseranalyse, die fortlaufende Bestimmung von Inhaltsstoffen in wässrigen Lösungen oder Laugen aus industriellen Aufschlüssen. Wichtig sind vor allem auch vielfältige Einsatzmöglichkeiten unabhängig von photometrischen Messungen für biologische, bakteriologische und serologische Fragestellungen oder die selbsttätige *Probenvorbereitung* und -zuführung für Atomabsorptions- und Flammenspektrometer.

In der Zukunft wird die Behandlung der Meßergebnisse mit den Mitteln der elektrischen Datenverarbeitung eine wachsende Rolle spielen. Ein Gerät wie die SysteMatik mit diskontinuierlicher Wirkungsweise, digitalem Ausgang und definiert anstehenden Meßwerten ist dafür gut ausgerüstet, und Versuche sowohl im *off line*- als auch *on line*-Verfahren sind erfolgreich verlaufen, ebenso wie die Adaption der sogenannten positiven Probenidentifikation (beispielsweise das Silab-System* mit lochcodierten Probengefäßen.

Eingegangen am 11. Januar 1971

*

---

* Entwickelt von Siemens AG, Geschäftsbereich medizinische Technik.

Der Technicon Autoanalyzer

Dr. Werner Marks

Organ.-Chem. Institut der Universität Saarbrücken

Inhalt

Autoanalyzer® heißt eine Reihe kontinuierlich arbeitender Gerätesysteme der Firma Technicon. Mit Hilfe dieser Geräte werden eine Vielzahl bisher manuell durchgeführter Analysenverfahren automatisiert. Die Geräte lohnen sich besonders dann, wenn große Serien gleichartiger Analysenproben anfallen.

1. Arbeitsprinzip

Alle Autoanalyzer arbeiten nach einem von Skeggs um 1953 entwickelten Prinzip: Von einer Mehrkanal-Schlauchquetschpumpe werden kontinuierlich die zur Analyse benötigten Reagenzlösungen, Luft sowie Probe- bzw. Waschlösung angesaugt. Die verschiedenen Schlauchleitungen werden hinter der Pumpe vereinigt, so daß ein regelmäßiger *luft-segmentierter Flüssigkeitsstrom* entsteht. Dieser Flüssigkeitsstrom wird beim Durchlaufen verschiedener Geräteteile den notwendigen analytischen Arbeitsvorgängen – Filtration, Dialyse, Extraktion, Erwärmung usw. – unterworfen. Nach Beendigung der Reaktion wird der zu bestimmende Bestandteil in einer Durchflußküvette automatisch gemessen und das Ergebnis von einem Schreiber registriert. Als Meßstellen werden Photometer, Spektralphotometer, Fluorimeter, Flammenphotometer, Leitfähigkeitsmeßzellen und Zell-Zähler benutzt.

2. Die Luftsegmentierung

Von der kontinuierlichen Durchflußanalyse wurde schon vor der Einführung des Autoanalyzers Gebrauch gemacht, jedoch war ihr Anwendungsbereich sehr begrenzt. Erst durch die beim Autoanalyzer angewandte Luftsegmentierung fand die Durchflußanalyse Eingang in fast alle naßchemisch arbeitenden Analysenabläufe. Der Vorteil der Luftsegmentierung ist leicht an folgendem Beispiel zu erkennen:

In einem Rohr, das mit Flüssigkeit A gefüllt ist, soll laminare Strömung herrschen. Bringt man nun in dieses Rohr eine „Rechteckbande" der Flüssigkeit B, so wird sich nach den Strömungsgesetzen die Flüssigkeit B in der Mitte des Rohres schneller fortbewegen als am Rande. Es wird sich also eine Art Gauß'scher Glockenkurve ausbilden. Die Flüssigkeitsbande B wird umso flacher, je länger das zu durchströmende Rohr ist. Wird die Flüssigkeit B jedoch von zwei Luftblasen eingeschlossen, so hat die Strömung keinen Einfluß auf die Bande B und es tritt nur eine geringfügige Bandenverbreiterung ein, die durch Diffusionsvorgänge mit der Flüssigkeit A an den Rohrwandungen hervorgerufen wird. Die Sperrwirkung der Luftblasen hat auch zur Folge, daß die verschiedenen Analysenproben sehr schnell hintereinander angesaugt werden können ohne sich gegenseitig zu beeinflussen. Ein weiterer günstiger Effekt der Luft ist ihre reinigende

Wirkung im Schlauchsystem. Zum Beispiel werden kleine Schmutzteilchen von den Luftblasen mitgerissen und aus dem System entfernt.

Die Schemazeichnung (Abb. 1) zeigt die einfache Arbeitsweise des Autoanalyzers und seine wichtigsten Grundbausteine.

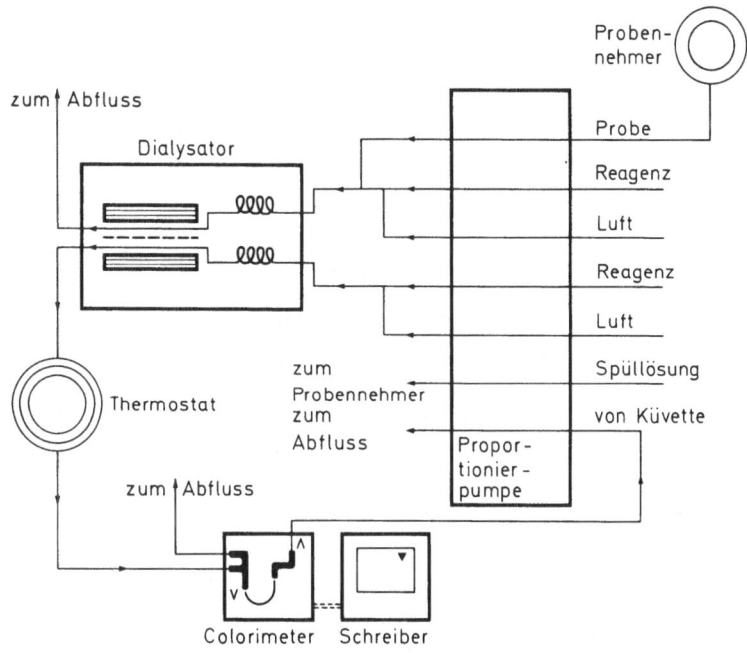

Abb. 1. Fließschema eines Autoanalyzers

3. Die Proportionierpumpe

Als Dosierungseinrichtung dient beim Autoanalyzer eine *Proportionierpumpe,* die bis zu 23 Schläuche gleichzeitig pumpen kann. Da eine Vielzahl von Pumpenschläuchen mit den verschiedensten Innendurchmessern zur Verfügung stehen, so ist es ohne Schwierigkeiten möglich, eine *genaue Dosierung* der verschiedenen Reagenzien vorzunehmen. Die Pumpgeschwindigkeit selbst ist konstant und darf während der Analyse nicht geändert werden, da zu viele Parameter wie Reaktionszeit, Dialysegrad usw. stark von der Strömungsgeschwindigkeit abhängen. Normalerweise arbeitet man mit Pumpenschläuchen, die, bezogen auf Wasser, bei Verwendung der Standardpumpe zwischen 0,01 und 4,0 ml pro Minute fördern. Die automatische Dosierung der Reagenzien mit der Proportionierpumpe hat gegenüber der Dosierung mit Pipetten oder Büretten den Vorteil, daß Bedienungsfehler vollständig ausgeschlossen sind. Falls bei der Auswahl der Pumpenschläuche ein Fehler vorkommt, so ist dieser konstant und kann in den meisten Fällen unberücksichtigt bleiben, da Eichlösungen und Proben dann mit dem gleichen Fehler behaftet sind.

Wichtig für ein einwandfreies Arbeiten des Gerätes ist die gute *Durchmischung* der einzelnen Flüssigkeitsströme nach ihrer Zusammenführung auf der Pumpenplatte. Dieser Mischvorgang läuft in kleinen, enggewickelten Glasspiralen mit konstantem Innendurchmesser ab. Meist reicht zur vollständigen Mischung schon eine Spirale mit 3 bis 4 Windungen.

Während die verschiedenen Reagenzlösungen für die Analyse aus den Vorratsbehältern angesaugt werden, ist für die Probenentnahme immer ein spezielles Gerät erforderlich. Dieser Probennehmer hat einen Probenteller, der entweder 40, 100 oder 200 Probenbecher aufnehmen kann. Außerdem befindet sich am Probennehmer ein kleines Waschgefäß, welches ununterbrochen von frischer Waschlösung durchspült wird. Eine Kanüle, die mit dem Probenschlauch auf der Proportionierpumpe verbunden ist, taucht in stetem Wechsel einmal in die Probe dann wieder in die Waschlösung. Der Probenteller dreht sich dabei immer um eine Position weiter. Beim Übergang der Kanüle vom Probenbecher zum Waschgefäß wird stets eine kleine Luftblase angesaugt, dadurch wird die Vermischung der Proben verhindert. Nach Entnahme der letzten Probe stoppt der Probennehmer automatisch und die Kanüle bleibt in der Waschflüssigkeit.

4. Programmierung

Die Probenzahl pro Stunde kann mit Hilfe von Programmierscheiben im Abstand von jeweils 10 Proben auf 10 bis 120 Analysen pro Stunde eingestellt werden. Das Verhältnis Probenahmezeit zu Waschzeit ist ebenfalls variabel, da Programmierscheiben mit Probe- Waschverhältnissen zwischen 1 : 6 und 6 : 1 erhältlich sind.

Die Wahl der für das jeweilige Analysenproblem geeigneten Programmierscheibe erfolgt nach mehreren Gesichtspunkten:

1. Die Auswaschzeit zwischen den einzelnen Proben muß so bemessen sein, daß die vorhergehende Analyse das Ergebnis der Folgeanalyse nicht beeinflußt.

2. Die Probenahmedauer soll so bemessen sein, daß bei der Messung gerade ein Gleichgewichtszustand "steady state" erreicht wird. Es muß also so lange Probe angesaugt werden, bis sich in der Meßküvette die Konzentration an Probe nicht mehr ändert. Selbstverständlich heißt dies nicht, daß immer nur eine Probe durchs System läuft. Je nach Analysendauer können sich bis zu 60 Proben im fließenden System befinden, bevor die erste Probe gemessen wird.

3. Die Probenzahl pro Zeiteinheit muß den Anforderungen des Betriebes oder Laboratoriums angepaßt werden.

In vielen Fällen lassen sich diese Bedingungen nicht *vollständig erfüllen und*
es muß ein Kompromiß geschlossen werden. Das bedeutet: entweder man ver-
zichtet auf eine hohe Genauigkeit der Ergebnisse bei großem Analysendurch-
satz oder man analysiert geringere Probenzahlen mit genaueren Ergebnissen.

5. Weitere Grundeinheiten

Eine weitere Grundeinheit des Autoanalyzers ist der in Abb. 1 schematisch dargestellte *Dialysator.* Er ist mit der Proportionierpumpe durch Schläuche verbunden. Im Prinzip besteht der Dialysator nur aus zwei spiegelbildlich gleichen
Platten, die mit Rillen versehen sind. Zwischen diesen Platten wird eine Membran mit bestimmter Porengröße eingespannt. Platten und Membran befinden
sich in einem Wasserbad und werden dort auf konstanter Temperatur gehalten.
Im Dialysator nimmt eine Platte den Probenstrom auf, parallel dazu fließt über
die zweite Platte ein Reagenzienstrom, der den durch die Membran diffundie-
renden Anteil der Probe aufnimmt und in das nächste Gerät weiterbefördert.
Der Dialysegrad schwankt zwischen ca. 5 und 30 %, je nachdem bei welcher
Badtemperatur, Strömungsgeschwindigkeit usw. gearbeitet wird. Sind die Dia-
lysebedingungen einmal eingestellt, so bleibt der Dialysegrad praktisch konstant.
Der Dialysator wird in der Hauptsache zur *Enteiweißung* und zur *Filtration*
trüber Probelösungen benutzt. Die Rillenlänge des Dialysators kann durch Wahl
entsprechender Platten zwischen 7 und 220 cm variiert werden.

Bei allen Bestimmungen, die zur Reaktion höhere Temperaturen benötigen,
wird das Reaktionsgemisch durch ein *Heizbad* gepumpt. Durch Einsatz unterschiedlich langer Glasschlangen können die Reaktionszeiten bei festliegender
Strömungsgeschwindigkeit eingestellt werden.

Nach Beendigung der Reaktion wird das Reaktionsgemisch zur Durchflußküvette eines *Colorimeters* gepumpt. Bevor der luftsegmentierte Strom die
Durchflußküvette erreicht, werden die Luftblasen an einem *Entlüfterfitting* zusammen mit einem Teil der Flüssigkeit entfernt. Mit Hilfe eines Pumpenschlau-
ches auf der Proportionierpumpe werden ca. 80 % der Reaktionslösung durch
die Küvette gesaugt. Da für alle Messungen die gleiche Küvette verwendet wird,
so genügt es vollständig zu Beginn der Analysenserie einmal das Colorimeter
zu eichen. Als Detektoren dienen beim Technicon-Colorimeter Selenphoto-
elemente oder Photoröhren. Zur Erzeugung monochromatischen Lichtes werden Interferenzfilter benutzt. Spannungsschwankungen spielen keine Rolle,
da Referenz- und Probephotoelement von der gleichen Lichtquelle bestrahlt
werden.

Sobald die Küvette von den Reagenzien durchströmt wird, werden die
beiden Photoelemente gegeneinander abgeglichen und zwar so, daß am Schrei-
berpapier eine Basislinie bei ca. 100 % T geschrieben wird. Die vom Referenz-
photoelement abgegebene Spannung wird dann während der gesamten Meß-

dauer konstant gehalten. Erreichen nun Proben die Küvette, so ändert sich die vom probenseitigen Photoelement abgegebene Spannung und der *Schreiber* registriert die durchlaufende Probebande. Die Peakhöhe ist bei konstanten Arbeitsbedingungen ein direktes Maß für die Probenkonzentration.

Neben diesen Einheiten gibt es eine Reihe anderer Bausteine, die für die verschiedensten analytischen Aufgaben eingesetzt werden können. Alle diese Geräte und Zusatzteile können in kurzer Zeit direkt an das Grundsystem adaptiert werden.

1. *Feststoffprobenahme:* In die Probenbecher des Feststoffprobenehmers können direkt feste Stoffe – abgewogene Pulver, Tabletten, Dragees, etc. – eingefüllt werden. Die einzelnen Arbeitsgänge wie das Zerkleinern, Lösen, Einspeisen der Proben in das analytische System und anschließende Ausspülen laufen vollautomatisch nach einem einstellbaren Programm ab. Das Lösungsmittelvolumen kann bis 200 ml pro Probe betragen. Als Lösungsmittel können schwach saure oder schwach alkalische wässrige Lösungen und verschiedene Alkohole benutzt werden. Die Probenfrequenz beträgt bis zu 20 Proben pro Stunde.

2. *Gasprobenahme:* Das Gasprobenahmesystem wurde speziell zur kontinuierlichen Überwachung der Luft konstruiert. Als Absorptionssäule dient eine Glasschlange mit Glasperlenfüllung. Die Gasproben werden zusammen mit einer spezifischen Absorptionslösung am oberen Ende der Säule eingegeben und durchlaufen zusammen die Säule. Die Durchflußgeschwindigkeit beider Stoffe wird genau eingestellt. Verhältnisse von 2000 Volumenteilen Luft zu einem Volumenteil Reagenz sind möglich. Am unteren Ende der Säule wird die Reagenzlösung vom Restgas abgetrennt. Ein Teil der Lösung wird von der Proportionierpumpe angesaugt und analysiert.

Ein relativ schwieriges Problem bei dieser Art der Gasanalyse ist die Eichung mit geeigneten Gasen. Die Eichung wird daher meist mit Eichlösungen vorgenommen.

3. *Extraktion:* Zur Extraktion dient eine Glasspirale mit Glasperlenfüllung. Nicht miteinander mischbare Flüssigkeiten werden von der Proportionierpumpe kontinuierlich am unteren Ende der Spirale eingespeist und auf Grund der großen Oberfläche in der Spirale gut durchmischt. Am oberen Ende des Extraktors befinden sich keine Glasperlen mehr und die beiden Phasen können sich wieder trennen. Beide Phasen gelangen dann in einen Abscheider und bilden dort zwei Schichten. Je nach Analysenproblem wird die obere oder untere Phase von der Proportionierpumpe abgesaugt und dem analytischen System zugeführt. Die Extraktion mit dem Autoanalyzer ist allerdings nur beschränkt anwendbar, da mit den vorhandenen Schlauchmaterialien nicht alle organischen Lösungsmittel gepumpt werden können. Ein weiteres Problem tritt immer dann auf, wenn die beiden Pha-

sen eine Emulsion bilden. In einigen Fällen kann aber doch eine genügende Trennung der Phasen erreicht werden.

4. *Filtration:* Beim sogenannten kontinuierlichen Filter wird eine Filterpapierrolle über einer ®Teflon-Brücke, die in der Mitte eine kleine Öffnung hat, abgerollt. Während das Papier mit konstanter Geschwindigkeit über den Teflon-Block gezogen wird, werden die Analysenproben auf das Filterpapier gepumpt. Auf diese Weise kommt die Probe immer auf frisches Filterpapier und Verschleppungseffekte von einer zur anderen Probe sind ausgeschlossen. Die Teflon-Brücke liegt, um den Ablauf zu ermöglichen, schräg. Unter der Brücke saugt ein Schlauch die klare filtrierte Lösung ab und führt sie erneut in das analytische System. Falls bei einer Analyse eine *Fällungsreaktion* notwendig ist, kann diese Reaktion in einer Mischkammer direkt über dem Filter vorgenommen werden. Diese Mischkammer hat zwei Zulaufstellen, einen Ablauf und einen Rührer. Bei der automatischen Filtration müssen Filterpapiergeschwindigkeit, sowie Zulauf- und Ablaufvolumina der Flüssigkeiten genau eingestellt werden um reproduzierbare Bedingungen zu schaffen.

5. *Destillation:* Bei der Destillationseinheit handelt es sich um einen Mikrodestillationskopf, der auf einem Thermostaten angebracht werden kann. Proben und Reagenzien werden kontinuierlich destilliert und der zu bestimmende Anteil der Probe wird in einer Absorptionslösung aufgefangen. Die Absorptionslösung durchfließt dabei kontinuierlich den Destillationskopf.

6. *Aufschluß:* Mit der Aufschlußeinheit, auch Digestor genannt, werden die vielen oft unreproduzierbaren Schritte der manuellen Verfahren ausgeschaltet. Die Probe wird zusammen mit dem Aufschlußgemisch in ein Aufschlußgefäß – ein gewendeltes Glaßrohr (Helix) – gepumpt. Diese Helix rotiert mit konstanter Geschwindigkeit und wird von Heizstäben unter der Helix erhitzt. Aufschlußtemperaturen bis ca. 450 °C können erreicht werden. Die aufgeschlossenen Proben werden gegen Ende der Helix automatisch verdünnt, dann abgesaugt und dem analytischen System zugeführt. Zur Aufstellung der Eichkurve müssen die Standardlösungen den gleichen Aufschlußbedingungen unterworfen werden wie die Proben. Weiterhin ist es zweckmäßig, wenn die Eichsubstanzen der gleichen Stoffklasse angehören wie das Untersuchungsmaterial.

6. Mehrkanalgeräte

Für spezielle analytische Aufgaben sind Mehrkanalgeräte entwickelt worden, die vor allem im *klinischen Bereich* und bei der *Wasser- und Luftüberwachung* eingesetzt werden. Im Prinzip handelt es sich bei ihnen um eine Parallelschaltung mehrerer Autoanalyzer. Dabei wird die Probe aus einem Probennehmer entnommen und auf die einzelnen Autoanalyzerkanäle verteilt. In jedem der Kanäle wird ein anderer Parameter der Probe bestimmt. Die Ergebnisse kann man direkt in Konzentrationseinheiten an einem Schreiberpapierstreifen ablesen. Abb. 2 zeigt ein typisches Diagramm für ein derartiges Gerät.

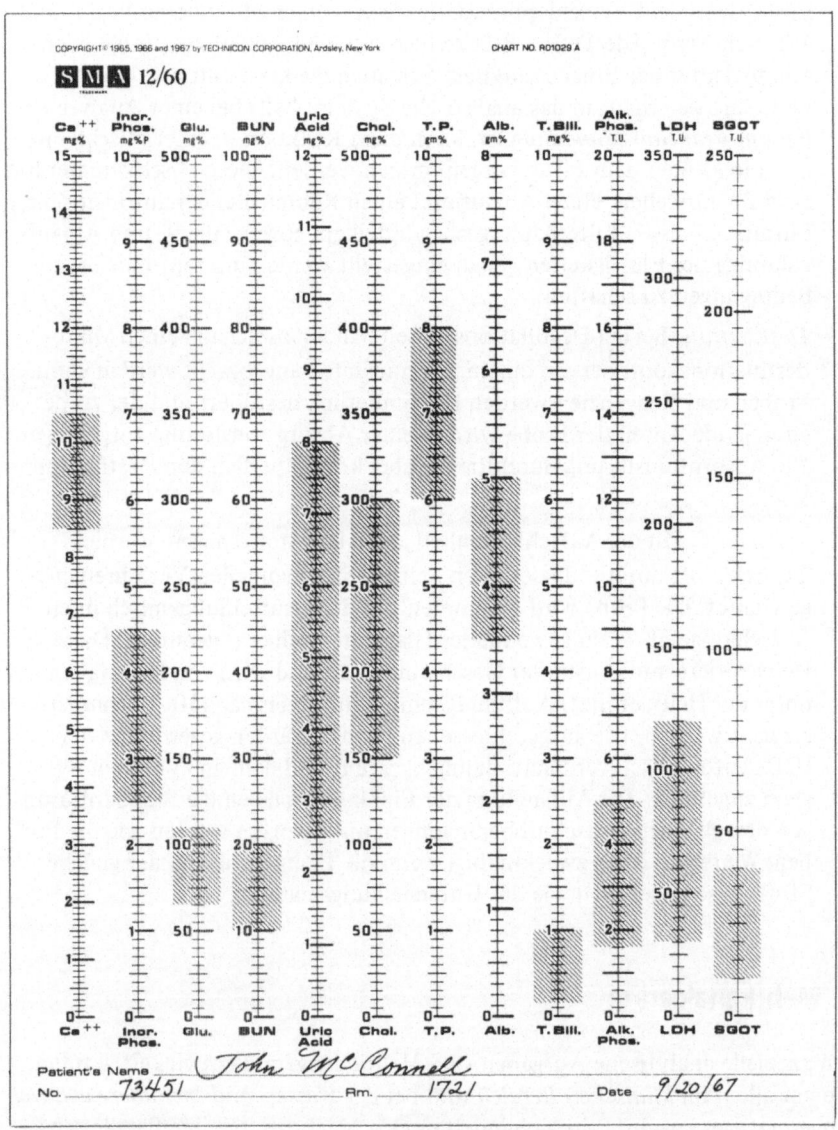

Abb. 2

Die Arbeitsweise und die Konstruktion der Mehrkanalgeräte unterscheidet sich in einigen Punkten wesentlich vom Standardautoanalyzer. Diese Unterschiede sollen kurz an einem Gerät, dem SMA 12/60, gezeigt werden. Beim SMA 12/60 handelt es sich um ein Gerät für klinisch- chemische Untersuchungen. Mit ihm können 60 Serumproben/h auf jeweils 12 Parameter hin untersucht werden. Da alle Ergebnisse auf einem Schreiberstreifen erscheinen, so ist eine genaue Zeitabstimmung der Analysen- und Meßzeiten erforderlich. Für die Messung und Registrierung jedes Ergebnisses stehen bei dem Gerät nur 5 sec zur Verfügung. Für die Erzielung möglichst genauer Ergebnisse muß die Messung unbedingt im vorher schon definierten "Steady State" erfolgen. Das Erreichen des "Steady States" hängt sehr stark von der genauen Luftsegmentierung ab, die mit den Standardpumpen bei der erforderlichen kurzen Meßzeit nicht erreicht werden kann. Daher sind die Pumpen der Mehrkanalgeräte mit einer sogenannten *Luftschleuse* versehen, die den Flüssigkeitsströmen die Luftblasen in genau bestimmten Zeitintervallen zuführt. Im Prinzip ist diese Schleuse ein Ventil, das die Luftleitung in bestimmten Abständen öffnet und schließt und das von den Walzen der Pumpe gesteuert wird. Jedes Mal, wenn sich eine Walze von der Pumpenplatte abhebt – alle 2 sec –, öffnet sich die Schleuse und ein bestimmtes Luftvolumen wird eingespeist. Mit Hilfe der wesentlich genaueren Dosierung gelingt es schon bei Probenahmezeiten von ca. 40 sec und Analysenzeiten von 15 min den "Steady State"-Zustand zu erreichen. Die "Steady-State"-Zustände der einzelnen Kanäle müssen nun im Zeitabstand von je 5 sec erreicht werden, obwohl die Analysenzeit sehr unterschiedlich sind. Dies geschieht einfach durch den Einbau von *Zeitverzögerungsschlangen* in die schneller laufenden Analysenkanäle. Zeitbestimmend ist dabei immer der Kanal mit der längsten Analysendauer.

Um den zeitlichen Ablauf ununterbrochen kontrollieren zu können, ist das Gerät mit einem „Funktionsmonitor" versehen, der laufend alle Peaks aufzeichnet. Der zur Messung benutzte Teil der Kurven ist immer besonders gekennzeichnet. Die Messung in den einzelnen Colorimetern wird von einem „Programmer" gesteuert.

Die Einsatzmöglichkeiten der komplexen Mehrkanalautoanalyzer und des Standardautoanalyzers mit seinen verschiedenen Zusatzgeräten sind so vielseitig, daß hier nur eine unvollständige Zusammenstellung der Anwendungsgebiete gegeben werden kann. Auch auf die Probleme und Fehlerquellen, die beim Arbeiten mit dem Autoanalyzer auftreten können, kann nicht in allen Punkten eingegangen werden.

7. Anwendung der Mehrkanalgeräte

7.1. SMA 12/60

Bei diesem Gerät handelt es sich um einen Laborautomaten für Krankenhauslaboratorien zur Durchführung biochemischer Routineanalysen. Bei Reihenuntersuchungen ist es zweckmäßig, einen Probenehmer mit Probenidentifikation zu benutzen und die Ergebnisse direkt einem Computer zuzuführen (das Gerät besitzt Anschlußmöglichkeiten für die gängigen Computer). Der SMA 12/60 bietet die Möglichkeit eine beliebige 12er Kombination aus den nachstehenden 18 Tests zusammenzustellen. Leerwertbestimmungen sind dabei ebenfalls mit durchführbar.

SMA 12/60 Bestimmungen

Alkalische Phosphatase	Anorg. Phosphat	Albumin
Bilirubin	Cholesterin	C P K
Chlorid	Gesamt-Eiweiß	Glucose
Harnsäure	Harnstoff	Kalium
Kohlendioxyd	Kalzium	Kreatinin
L D H	Natrium	S G O T

Hat der Benutzer sich für eine Testkombination entschieden, so ist es relativ aufwendig die Testzusammenstellung zu ändern, da nicht nur das jeweilige analytische Schlauchsystem geändert werden muß, sondern auch Umbauten am elektronischen Teil vorgenommen werden müssen.

Die Analysenergebnisse sind unter normalen Bedingungen von ausgezeichneter Reproduzierbarkeit und Standardabweichungen von 2 bis 3 % sind ohne weiteres zu erreichen. Die Genauigkeit der einzelnen Bestimmungen hängt natürlich stark von der Art der chemischen Analysemethode ab. So wird bei der Glucose-Bestimmung im SMA 12 eine Farbreaktion angewandt, obwohl heute spezifischere Glucose-Reaktionen bekannt sind. Über die Art der chemischen Methode aud die Aussagekraft der mit ihr ermittelten Ergebnisse muß der Benutzer selbst entscheiden, da gerade im klinischen Bereich unterschiedliche Methoden zur Bestimmung eines Parameters verwendet werden.

Schwierigkeiten bereitet häufig die Cholesterin-Bestimmung. Als Reagenzlösung dient hier ein Gemisch aus starken Säuren, die das Schlauchmaterial angreifen und damit die Durchflußgeschwindigkeit ändern. Gleichzeitig wird durch herausgelöste Weichmacher dieser Kanal langsam verschmutzt. Um diese Fehler zu vermeiden, müssen die Schläuche häufiger gewechselt werden.

Die enzymatischen Bestimmungen mit dem SMA 12 sind gut reproduzierbar, haben aber den Nachteil, daß die Ergebnisse nicht mit den Resultaten anderer Geräte oder denen manueller Verfahren verglichen werden können. Das Ergebnis der Analyse wird beim SMA 12 in internationalen Einheiten angegeben, aber die Analysenbedingungen entsprechen nicht genau der internationalen Definition.

Der Chemikalienbedarf des Gerätes hängt davon ab, wie groß der Analysenanfall und die Leerzeiten zwischen den Analysenserien sind. Im allgemeinen kann man sagen, daß der Chemikalienverbrauch etwas höher liegt als bei den vergleichbaren manuellen Verfahren.

7.2. SMA 6/60

Das Gerät arbeitet nach der gleichen Technik wie der SMA 12/60. Mit ihm können Natrium, Kalium, Kohlendioxyd, Chlorid, Glucose und Harnstoff simultan aus Serumproben bestimmt werden. Das Gerät arbeitet mit einer Frequenz von 60 Proben/h.

7.3. SMA 12/60 Mikro

Diese Gerätekombination ist weitgehend identisch mit dem SMA 12/60. Der wesentliche Unterschied besteht darin, daß für eine Vollanalyse nur 0,2 ml Serum benötigt werden. Der SMA 12 Mikro kann also vor allem in Kinderkliniken und in Kleintierversuchsstationen eingesetzt werden. Die Probenfrequenz beträgt 20 Proben/h.

7.4. Hemalog

Beim Hemalog handelt es sich um ein System zur Erstellung hämatologischer Profile und eines Gerinnungsstatus. Der Hemalog ist relativ neu. Laut Firmenangabe arbeitet das Gerät mit einer Probenfrequenz von 60/h und es können folgende Parameter bestimmt werden:

Erythrozytenzahl	Leukozytenzahl
Thrombozytenzahl	Hämoglobin
Zentrifugalhämatokrit	P T (Quick)
Partielle Thromboplastinzeit	Leitfähigkeitshämatokrit
P C V C C V	M C V
M C H Hb$_E$	M C H C (Sättigungsindex)

Für die Hämatologie soll ein Variationskoeffizient von weniger als 2 % und für die Gerinnungstests von weniger als 3 % zu erreichen sein.

7.5. CSM 6

Der CSM 6 ist ein Analysenautomat für die gleichzeitige Bestimmung mehrerer Parameter im *Wasser und Abwasser*. Der CSM 6 kann sowohl als Laborgerät mit einem Probennehmer für Einzelproben als auch mit einem automatischen Filter für die kontinuierliche Wasseranalyse benutzt werden. Das Labormodell arbeitet mit einer Probenfrequenz von 10–30 Proben/h.

Bis jetzt sind folgende Bestimmungen mit diesem 6-Kanalgerät möglich:

Ammoniak	bis 10 ppm,
Nitrat und Nitrit	bis 2 ppm,
Nitrit	bis 1,5 ppm,

Orthophosphat	bis	10 ppm,
gesamt-anorganisches		
Phosphat	bis	8 ppm,
Chrom	bis	5 ppm,
Kupfer	bis	10 ppm,
Eisen	bis	10 ppm,
Silicat	bis	15 ppm,
Fluorid	bis	2,5 ppm,
Chlorid	bis	10 ppm,
Cyanid	bis	3 ppm,
Sulfat	bis	500 ppm,
Härte	bis	300 ppm,
C O D	bis	500 ppm,
Phenol	bis	5 ppm.

Die Konzentrationsangaben gehen jeweils von Null bis zu dem angegebenen Wert. Von den oben angegebenen Parametern kann ein Spektrum von 6 für ein Gerät ausgewählt werden. Ein nachträglicher Umbau auf andere Bestimmungen ist wie beim SMA 12/60 nur mit Hilfe der Herstellerfirma zu empfehlen.

Fast alle mit dem CSM 6 durchführbaren Bestimmungen sind in ihrem chemischen Ablauf ziemlich identisch mit den Einheitsverfahren der Wasseranalytik. Auf einige Fehlerquellen, die durch die chemischen Methoden bedingt sind, sei kurz eingegangen.

Bei der Nitrat-Bestimmung wird das vorhandene Nitrat zunächst mit Hydrazin zum Nitrit reduziert und anschließend mit einem Amid-Amin-Reagenz zu einem roten Farbstoff umgesetzt. Bei dieser Reaktion ist vor allem die Reduktionsstufe sehr kritisch, da immer ein Teil des Nitrats bis zum Ammoniak weiterreduziert werden kann. Dieser Anteil wird nicht erfaßt und die Nitrat-Werte werden zu niedrig. Bei kleinen Nitrat-Konzentrationen im Wasser macht sich auch der NO_2-Gehalt der Luft störend bemerkbar. Es wäre in diesem Falle zweckmäßig die Luftsegmentierung durch eine Stickstoff-Segmentierung zu ersetzen.

Die COD-Bestimmung bereitet bei der Auswertung und der Interpretation der Ergebnisse Schwierigkeiten, da keinerlei Aussagen darüber gemacht werden können, welche Inhaltsstoffe im Wasser oxydiert worden sind. Die COD-Bestimmung ist also nur dort anzuwenden, wo die ungefähre Zusammensetzung des Wassers bekannt ist.

Bei der Analyse der mit Wasserdampf flüchtigen Phenole durch automatische Destillation treten ab und zu Störungen auf, die durch Temperaturschwankungen am Destillationskopf hervorgerufen werden. Leider reicht die thermische Isolierung der Destillationseinheit für genauere Bestimmungen nicht aus.

Ein weiterer kritischer Punkt ist das kontinuierlich arbeitende Filtrations- und Probenahmesystem. Bei relativ sauberen Wässern kann es ohne Schwierigkeiten wartungsfrei längere Zeit eingesetzt werden. Bei stark verschmutzten

Wässern und Abwässern treten schon nach kurzer Zeit Störungen auf, da die Ansaugleitungen und Filter durch Schmutzablagerungen verstopfen.

7.6. CSM 6 Luftmonitor

Der Luftmonitor ist von der Konstruktion her identisch mit dem CSM 6 zur Wasseranalyse. Der Unterschied besteht in der Ansaug- und Absorptionsvorrichtung für die zu untersuchenden Gase. Beim Luftmonitor handelt es sich um ein 6-Kanalgerät zur kontinuierlichen Überwachung der Luft auf folgende Parameter:

Schwefeldioxyd,
Stickstoffdioxyd,
Stickstoffmonoxyd,
Schwefelwasserstoff,
Aldehyde und
Gesamtoxidantien.

Die Ergebnisse werden mit einem 6-Punktschreiber registriert. Die zu untersuchende Luft wird mit unterschiedlicher Strömungsgeschwindigkeit durch die Absorptionssäulen gesaugt und beträgt:

SO_2 Bestimmung	:	404 ml min bei einer Nachweisgrenze von 0,01 ppm
NO_2-Bestimmung	:	315 ml min bei einer Nachweisgrenze von 0,002 ppm
NO-Bestimmung	:	315 ml min bei einer Nachweisgrenze von 0,002 ppm
HCHO-Bestimmung	:	405 ml min bei einer Nachweisgrenze von 0,006 ppm
H_2S-Bestimmung	:	760 ml min bei einer Nachweisgrenze von 0,002 ppm
Tot.Ox.-Bestimmung:		510 ml min bei einer Nachweisgrenze von 0,008 ppm

Noch nicht ganz zufriedenstellend ist bei diesem Automaten die Standardisierung mit gasförmigen Eichsubstanzen. Bei Verwendung flüssiger Standards beträgt der Variationskoeffizient 1 bis 2 %.

7.7. AFS 6

Hier handelt es sich um ein neu entwickeltes 6-Kanalgerät zur Simultan-Analyse von sechs Elementen durch Messung der Atomfluoreszenz. Das Atomfluoreszenzspektrometer besitzt eine automatische Standardisierung auf allen sechs Kanälen und kann 120 Proben/h verarbeiten. Der lineare Meßbereich soll 100mal größer sein als bei der Atomabsorption. Die Ausgabe der Ergebnisse geschieht digital in Konzentrationseinheiten. Folgende Elemente können bestimmt werden:

Aluminium	Calcium	Natrium
Antimon	Kobalt	Nickel
Blei	Kupfer	Phosphor
Cadmium	Magnesium	Selen
Chrom	Mangan	Silber
Eisen	Molybdän	Silicium
		Titan

Über die Genauigkeit und Einsatzerfahrungen können noch keine exakten Angaben gemacht werden.

8. Anwendung des Standardautoanalyzers und seiner Zusatzgeräte

8.1. Autoanalyzer mit Flüssigkeitsprobennehmer, Proportionierpumpe, Thermostat, Colorimeter und Schreiber

Diese einfache Gerätekombination kann für vielerlei Bestimmungen eingesetzt werden. Fehlmessungen und Fehlergrenzen hängen immer davon ab, welche Bestimmung gerade vorgenommen wird. Ein besonderer Vorteil ist darin zu sehen, daß sehr schnell auf andere Bestimmungen umgebaut werden kann. So ist es bei Verwendung vorgefertigter Schlauchsysteme möglich bis zu fünf verschiedene Bestimmungen hintereinander pro Arbeitstag durchzuführen.

Die folgende Zusammenstellung soll einen Überblick darüber geben, auf welchen Gebieten und für welche Bestimmungen das Standardgerät brauchbar ist.

Wasseranalyse: Anorg. Phosphat, Sulfat, Nitrat, Nitrit, Eisen, Mangan, Silicat, usw.
Düngemittel: Phosphat, Ammoniak, Gesamtstickstoff anorg., usw.
Stahlanalyse: Mangan, Nickel, Molybdän, usw.
Metallurgie-Badanalyse: Chrom, Sulfat, Cyanid, usw.
Pharmazeut. Analytik: verschiedene Wirkstoffe, z.B. Penicillin
Industrie allgem.: Säuren, Laugen, diverse Anionen und Kationen, Prozeßkontrolle
Nahrungs- und Genußmittel: z.B. Analyse von Fruchtsäften auf Zuckergehalt.
Klin.-chem. Analytik, Biochemie: z.B. Gesamtprotein

Der Arbeitsablauf für die aufeinander folgende Bestimmung zweier Parameter sei an einem Beispiel gezeigt.

Bestimmung von Phosphat und Ammoniak in Düngemitteln:

1. Einschalten des Colorimeters, Spannen der Schläuche auf der Proportionierpumpe, Reagenzschläuche in entspr. Lösungen einhängen, Proportionierpumpe einschalten. Arbeitszeit ca. 2 min.
2. Warten bis die Reagenzlösungen die Durchflußküvette erreicht haben; Colorimeter einstellen. Arbeitszeit ca. 5 min.
3. Eichlösungen in Becher einfüllen und Probennehmer einschalten; dann direkt die unbekannten Proben einfüllen und ablaufen lassen. Das erste Ergebnis erscheint am Schreiber nach ca. 5 min.
4. Bei einer Probenfrequenz von 40 Proben/h sollen 100 unbekannte Proben analysiert werden. Zur Aufstellung der Eichkurve sind je 6 Eichwerte zu Beginn und am Ende der Analysenserie erforderlich. Die gesamte Analysenzeit beträgt also 2 h 48 min.

5. Nach Erscheinen der letzten Probe auf dem Schreiber werden die Reagenzzuleitungen in eine Spüllösung gehängt und es wird ca. 10 min gespült.
6. Die Proportionierpumpe abschalten, das Schlauchsystem entfernen. das nächste Schlauchsystem auflegen, Interferenzfilter wechseln und die Reagenzleitungen in die neuen Lösungen einführen. Umbauzeit ca. 30 min.
7. Wie bei Punkt 2 bis 5 verfahren.
   Die Gesamtarbeitszeit bei dem vorgenannten Beispiel beträgt also ungefähr 6 h 30 min. Das Bedienungspersonal ist dabei nur etwa eine Stunde beschäftigt.

8.2. Standardautoanalyzer mit Dialysator

Der Dialysator wird zwischen Proportionierpumpe und dem nachfolgenden System eingebaut. Seine Funktion und Arbeitsweise wurde oben beschrieben. Der Dialysator wird vor allem bei der automatischen Enteiweißung von Proben bei der klinisch-chemischen Analyse benutzt. Aber auch bei der Aktivitätsbestimmung von Enzymen in Arzneizubereitungen ist der Dialysator zur Abtrennung nicht abgebauten Substrats brauchbar. Voraussetzung ist eine geeignete Membran. Die Firma Technicon liefert z. Zt. nur zwei Membranen, die zwar für die Klinik ausreichen, aber der Anwendung des Dialysators auf anderen Gebieten Grenzen setzen.

8.3. Standardautoanalyzer mit kontinuierlichem Filter

Diese Kombination findet man bisher zumeist in der industriellen Enzymanalytik. Eine weitere Anwendung ist die Cholesterin-Bestimmung in Serumproben. Zur Bestimmung von Enzymaktivitäten oder Substratkonzentrationen wird die Enzymreaktion zu einem bestimmten Zeitpunkt durch Zugabe eines Fällungsreagenzes gestoppt. Die Fällung geschieht in den meisten Fällen jedoch nicht momentan, sondern benötigt eine gewisse Zeit. Man pumpt daher das Fällungsgemisch durch eine Glasspirale bevor filtriert wird. Hierbei kommt es ab und zu zu Verstopfungen in der Glasschlange, weshalb dann unreproduzierbare Werte erhalten werden. Bei richtiger Anordnung der Glasspirale und entsprechender Konzentration des Fällungsreagenzes kann dieser Fehler vermieden werden. Allerdings gehört dazu einige Erfahrung.

8.4. Autoanalyzer mit Feststoffprobennehmer und kontinuierlichem Filter

Die Feststoffprobennahme ist bei allen automatisch arbeitenden Analysengeräten problematisch. Auch mit dem Technicon-Feststoffprobennehmer können nur einige spezielle Feststoffe direkt analysiert werden. Bedingung dafür ist, daß sich der zu bestimmende Bestandteil der festen Probe leicht in niederen Alkoholen, Wasser, verdünnten Säuren oder verdünnten Laugen löst. Weiterhin darf das Probegut nicht zu hart sein, da es sonst vom Rührflügel nicht zerkleinert wird.

Mit Erfolg kann das Gerätesystem daher nur in ganz speziellen Fällen eingesetzt werden. Hauptanwendungsgebiete sind dabei: die Wirkstoffanalyse in Arzneimittelzubereitungen, die Düngemittelanalyse und die Bestimmung einzelner Bestandteile in Salzgemischen.

8.5. Autoanalyzer mit Aufschlußeinheit

Die Aufschlußeinheit, auch Digestor genannt, kann zum Aufschluß einer Reihe von organischen Verbindungen dienen. Mit dem automatischen Aufschlußverfahren erreicht man im allgemeinen eine höhere Genauigkeit und wesentlich bessere Reproduzierbarkeit der Ergebnisse, wenn man mit den entsprechenden manuellen Verfahren vergleicht. Bisher wurden folgende Bestimmungen mit dem Digestor ausgeführt: organisch gebundenes Phosphat, organisch gebundenes Jod und die bekannte Kjeldahl-Bestimmung. Das Probegut muß in allen Fällen in flüssiger Form vorliegen. Versuche, mit Hilfe des Feststoffprobennehmers direkt Festproben aufzuschließen, sind zwar beschrieben worden, sie scheinen aber nicht allzu erfolgreich verlaufen zu sein.

Bei der Kjeldahlbestimmung wird in einem Konzentrationsbereich von 0–40 ppm gemessen. Sollen höhere Konzentrationsbereiche überstrichen werden, so müssen einige Änderungen am Schlauchsystem vorgenommen werden. Die Schlauchdurchmesser werden dabei immer so gewählt, daß die Konzentration an Probe im Aufschlußgemisch ungefähr gleich bleibt.

Die Jodbestimmung ist nur für die Messung kleiner Jodkonzentrationen geeignet, da bei Anwesenheit größerer Jodmengen die Ausspülzeiten zu lang werden. Jodkonzentrationen von 100 ppb sind maximal zulässig. Die Genauigkeit der Jodmessung liegt bei ca. 5 %.

Eine spezielle Anwendung findet der Digestor noch bei der destillativen Abtrennung von Fluorwasserstoff für die Bestimmung von Fluor in Abwässern und Pflanzenextrakten. Der entstehende Fluorwasserstoff wird dabei in einer Absorptionslösung aufgefangen und analysiert.

8.6. Autoanalyzer-Systeme mit Flammenphotometer, Fluorimeter, Zellzähler oder Spektralphotometer

Auf die Arbeitsweise und das Meßprinzip der angeführten Detektoren näher einzugehen erscheint nicht notwendig, da die Geräte allgemein bekannt sind.

Flammenphotometer: Dieses Gerät dient in den Systemen zur Bestimmung von Natrium und Kalium in Serumproben, Wasser und Salzlösungen. Die Proben durchlaufen wie üblich den Autoanalyzer und ein Teil der Flüssigkeit wird direkt von der Flamme angesaugt. Bei der Messung mit dem Flammenphotometer werden Natrium und Kalium kontinuierlich gegen einen internen Lithium-Standard gemessen. Der permanent vorhandene Lithium-Untergrund bewirkt eine ausgezeichnete Basislinienstabilität und verringert den Rauschpegel.

Fluorimeter: Fluorimetrische Messungen sind im allgemeinen sehr spezifisch und auch so empfindlich, daß noch kleinste Konzentrationen nachgewiesen werden können. Daher wird das Fluorimeter vor allem dort verwendet, wo es gilt, kleinste Mengen zu erfassen, zum Beispiel bei der Wirkstoffanalyse von Arzneimitteln, der Aktivitätsbestimmung von Enzymen und der Spurenanalyse in Seren.

Spektralphotometer: Die Technicon-Colorimeter sind nur im sichtbaren Bereich von 400–660 nm zu verwenden. Mit dem Technicon-Photoröhrencolorimeter kann der Bereich noch etwas erweitert werden und zwar auf 340–800 nm. Dieser Bereich ist aber für viele Analysen noch nicht ausreichend, da vor allem in der Biochemie und Pharmazeutik häufig im UV-Bereich gemessen wird. In diesen Fällen kann der Autoanalyzer mit Spektralphotometern DB und DBG der Firma Beckmann gekoppelt werden. Dazu ist nur eine spezielle Durchflußküvette und eine Änderung des Schreiberanschlusses notwendig.

Zellzähler: Beim Zellzähler werden Teilchen, die durch eine Durchflußzelle gepumpt werden, automatisch durch Messung von Lichtimpulsen gemessen. Befinden sich keine Teilchen in der Meßzelle, so fällt das gesamte Licht, das die Zelle bestrahlt, auf ein Dunkelfeld und der Detektor zeigt den Wert 0 an. Sobald Teilchen die Zelle passieren, wird ein Teil des Lichtes an den Teilchen gebrochen und trifft nicht mehr auf das Dunkelfeld. Der gestreute Lichtanteil wird gesammelt und fällt auf einen Photomultiplier. Die Zahl der Lichtimpulse ist der Teilchenzahl proportional.

Bisher wurde der Zellzähler für die Ermittlung der Erythozytenzahl, Leukozytenzahl, Thrombozytenzahl und der Zahl somatischer Zellen in Milch eingesetzt.

Leider ist es nicht möglich, an dieser Stelle auf die einzelnen Analysenmethoden näher einzugehen, da die Zahl der mit dem Autoanalyzer durchgeführten Methoden mittlerweile zu groß geworden ist. So sind in der Literatur bis jetzt ca. 400 verschiedene Veröffentlichungen über pharmazeutische Analysenverfahren mit dem Autoanalyzer erschienen. Mit der fortschreitenden Automatisierung des analytischen Laboratoriums wird diese Zahl noch weiter steigen.

Literatur ist erhältlich durch die Firma Technicon GmbH., Frankfurt/Main, Sternstraße 8.

Eingegangen am 28. Mai 1971

Titrierautomaten zur Betriebskontrolle

Dipl. Ing. Chem. Friedrich Oehme

Polymetron AG, Hombrechtikon-Zürich, Schweiz

Inhalt

Die Tendenz zur Automatisierung ist seit einiger Zeit auch in der analytischen Chemie des Betriebslabors ausgeprägt vorhanden. Hatten bislang Halbautomaten, die eine manuelle Probenvorbereitung und Probeneingabe, teilweise auch noch eine manuelle Auswertung aufgezeichneter Diagramme verlangten, einen breiten Platz im Labor gefunden, so sind in den letzten Jahren Vollautomaten für den direkten Einsatz im Betrieb hinzugekommen [1-5]. Ein solcher Vollautomat verlangt keinerlei menschlichen Eingriff mehr, von den in bestimmten Zeitabständen erforderlichen Wartungsarbeiten, wie Nachfüllen von Titrationsmitteln und Reagenzien, Wechsel von Filtern, und ähnlichen Manipulationen abgesehen.

Vollautomaten werden in der ersten Phase der Automatisierung meist nur als Monitoren eingesetzt, welche z.B. eine gefragte Konzentration analog anzeigen oder digital ausdrucken. Sie liefern damit entweder kontinuierlich oder diskontinuierlich Ist-Werte der Konzentration.

In einer zweiten Phase werden dem Monitor *Regler* nachgeschaltet, die einen automatischen Vergleich des Ist-Wertes mit einem vorgegebenen Soll-Wert vornehmen und beim Auftreten von Abweichungen zwischen beiden Größen für selbsttätig ablaufende Korrekturmaßnahmen sorgen [6,7].

Am Anfang der Entwicklung eines Analysenautomaten steht die Wahl der *Meßmethode,* die direkt oder indirekt einen eindeutigen Zusammenhang zwischen der gesuchten Konzentration einer bestimmten chemischen Verbindung und einem vorwiegend elektrischen Signal herstellt. Tabelle 1 nennt einige der hierfür vorzugsweise verwendeten Meßmethoden.

Die apparative Entwicklung eines Analysenautomaten wird bereits entscheidend durch die gewählte Meßmethode beeinflußt. Zusätzlich bestimmen die Eigenschaften der zu analysierenden Lösungen die apparativen Maßnahmen, z.B. derart, daß hochkonzentrierte Lösungen vor der Analyse automatisch verdünnt und Schwebstoffe durch Filtration entfernt werden müssen. Auch die zeitliche Änderung der Konzentration der gefragten Verbindung hat entscheidenden Einfluß auf die apparativen Belange, besonders in dem Sinn, daß bei rascher Konzentrationsänderung zufolge äußerer Störgrößen ein *kontinuierlich* arbeitender Analysenautomat verfügbar sein muß. Bei nur langsamen Konzentrationsänderungen dagegen soll.der Automat diskontinuierlich arbeiten und in den Arbeitspausen denkbarerweise auf die Analyse derselben Verbindung in anderen, räumlich benachbarten Anlagen umzuschalten sein.

Dieser Beitrag soll zeigen, daß nur in enger Bezogenheit der Sachgebiete

Analytische Chemie – Dosiertechnik – Elektronik

Geräte mit optimalen, den vielfältigen Aufgabenstellungen angepaßten Eigenschaften entwickelt werden können.

Zufolge der sehr universell einsetzbaren Titrationstechnik wird der Schwerpunkt der Betrachtungen auf dem Gebiet von *Titrierautomaten* zur Betriebskontrolle liegen. Der Beitrag gibt zunächst einen allgemeinen und methodischen

Tabelle 1. *Wichtige automationsgerechte Meßmethoden*

Meßmethode	Prinzip	Konzentrations-Funktion	Bemerkungen	Lit.
Konduktometrie	Messung der Leitfähigkeit K starker und schwacher Elektrolyte	$K = f(c_X)$	Unspezifisches Erfassen aller Ionen, jedoch besonders starker Beitrag von H^+ und OH^-; bei hohen Konzentrationen auftretendes Leitf.-Maximum, dann definierte Verdünnung der Probe vor Messung	2,8,9)
Photometrie	Messung der photometrischen Extinktion A, meist bei der Wellenlänge λ des Absorptionsschwerpunktes	$A\lambda = f(c_X)$	Direkte Messung bei Verbindungen mit Eigenabsorption, sofern Produkt aus c_X und molarem Extinktionskoeffizienten $\leqslant 10$; indirekt nach Zugabe von Farbreaktionen auslösenden Reagenzien; Schwebstoffe und Schaum stören	2,10)
Potentiometrie	Messung des Potentials E einer aus Indikator- und Referenz-Elektrode bestehenden Meßkette	*pH-Messung:* $E=f(\log a(H_3O)^+)$	Keine direkte Konz.-Aussage; wohl aber sehr wichtige Hilfsgröße und titrimetrische Indikationsmethode	11,12)
		Redoxometrie: $E = f(\log a_{ox}/a_{red})$ *Potentiometrie mit ionensensitiven Elektroden:* $E = f(\log c_X \cdot f_X)$	Keine direkte Konz.-Aussage; sehr wichtige titrimetrische Indikationsmethode; häufig starke pH-Abhängigkeit von E	13)
			Direkte Messung nur möglich, wenn Aktivitätskoeffizient f_X des gefragten Ions näherungsweise konstant; sonst Probenvorbereitung durch Zugabe von Puffern hoher Ionenstärke; wichtige titrimetrische Indikationsmethode	2,12,14,15)
Titrimetrische Methoden	Bestimmung des Volumens V eines Titrationsmittels bis zum Erreichen des in geeigneter Weise indizierten Äquivalenzpunktes	$V = f(c_X)T$	Indirekte Methode, die meßtechnisch von der Verfügbarkeit geeigneter Indikationsmethoden abhängig ist; oft sehr spezifisch; vielseitig anwendbar. Aus Volumen V und Titer T der Maßlösung folgt die Konzentration der vorgelegten Probe	2,16,17, 13,18)

Überblick und führt zur Betrachtung spezieller Titrierautomaten unterschiedlicher Anwendungsmöglichkeiten.

1. Automationsgerechte Analysenmethoden

Die Anpassung gegebener Analysenmethoden an die Eigenschaften eines Titrierautomaten kann die Betriebszuverlässigkeit entscheidend beeinflussen. Die in der Laborpraxis üblichen Titrationsmethoden lassen sich meist nicht ohne weiteres übernehmen. Häufig muß umfangreiche analytische Vorarbeit geleistet werden, die zur Entwicklung automationsgerechter Analysenmethoden führt.

Aus der Vielzahl der Gründe seien einige der wichtigsten genannt:

a) *Thermische Methoden* der Probenvorbereitung (Aufschluß von Komplexen, Erhöhung der Reaktionsgeschwindigkeit) lassen sich kaum zuverlässig realisieren,

b) *Rücktitrationen* können zwar grundsätzlich eingesetzt werden, sind aber mit zusätzlichen Dosiervorgängen und dadurch erhöhten Fehlern verbunden,

c) an die *Titerstabilität* des Titrationsmittels sind erhöhte Anforderungen zu stellen,

d) *Fällungstitrationen* sollen möglichst nicht verwendet werden, da die gebildeten Niederschläge zu Störungen des den Titrationsverlauf verfolgenden Indikationssystems führen,

e) bei diskontinuierlichen Titrationsautomaten, welche eine Bestimmung mehrerer Komponenten erlauben, muß entweder ein gemeinsames *Indikationsprinzip* verfügbar sein oder aber die verschiedenen Sensoren müssen sich mit den einzelnen Titrationsmitteln und Reagenzien vertragen,

f) die Titrations-Reaktion soll bevorzugt *potentiometrisch* indizierbar sein,

g) potentiometrische Titrationskurven müssen frei von *Extremwerten* bleiben.

Zwei Beispiele veranschaulichen die vielfältige Problematik näher:

In einem *cyanidischen Kupferbad* soll der Kupfergehalt mit einem im Betrieb eingesetzten Titrierautomaten bestimmt werden:

Die üblichen Labormethoden basieren auf einer elektrolytischen Kupferbestimmung oder einer Zerstörung des Cyanocuprat-Komplexes durch Heißaufschluß. Eine automationsgerechte Analysenmethode besteht dagegen in einer bei Raumtemperatur rasch ablaufenden Zerstörung des Cyankomplexes mit Caroscher Säure und sich anschließender komplexometrischer Titration des freigesetzten Kupfers unter Endpunktindikation mit einer Kupfer-sensitiven Elektrode. Das zweite Beispiel bezieht sich auf die *Zinn (II) - Bestimmung in einem elektrolytischen sauren Zinnbad.*

In einem solchen Bad liegt neben zweiwertigem Zinn stets auch zweiwertiges Eisen in etwa gleicher Konzentration vor. Es ist damit aber an das Titrationsmittel die zusätzliche Forderung nach selektiver Erfassung des Zinn (II) - Gehaltes zu stellen. Ein Vergleich der Standard-Potentiale der in Betracht kommenden Redoxgleichgewichte zeigt, daß die in der Laborpraxis übliche Jodlösung diese Forderung erfüllt. In Titrierautomaten kommt jedoch Jod als Titrationsmittel zufolge seines hohen Dampfdruckes und seiner korrodierenden Eigenschaften wegen nicht in Frage. Durch die Verwendung von Jodid-Jodat-Lösungen zur Titration, welche in Kontakt mit dem sauren Bad das zunächst latente Jod freisetzen, ließ sich die Aufgabenstellung automationsgerecht lösen.

2. Schritte des Analysenablaufes

Die Durchführung automatischer Analysen weist prinzipiell ganz ähnliche Arbeitsgänge auf, wie sie der manuellen Laboranalyse zukommen. Der wesentliche Unterschied besteht darin, daß alle diese Schritte automatisiert, d.h. ohne die Notwendigkeit äußerer Eingriffe ablaufen.

Bezogen auf die Eigenschaften von Titrierautomaten für den Betriebseinsatz sollen im folgenden die einzelnen Arbeitsschritte etwas näher herausgestellt werden. Die Betrachtungen sind zunächst stark auf diskontinuierlich arbeitende Automaten ausgelegt. Hier ist das zeitliche Nacheinander besonders gut zu erkennen. Aber auch bei kontinuierlich arbeitenden Geräten ist der Ablauf ein ganz ähnlicher, wenngleich hier häufig verschiedene Schritte gleichzeitig vollzogen werden können.

Bei einem *diskontinuierlichen Titrierautomaten* laufen die folgenden Arbeitsgänge ab:

> Probenvorbereitung,
> Probendosierung und Zugabe von Hilfslösungen,
> Titration der Probe,
> Indikation des Endpunktes der Titration,
> Signalausgabe und
> Signalverarbeitung.

Jeder dieser Vorgänge hat bestimmte, nachstehend erläuterte Besonderheiten aufzuweisen, die in ihrer Gesamtheit die Eigenschaften des Gerätes bedingen und auf diese Art maßgeblich etwa für die erreichbare Analysengenauigkeit oder die zeitliche Analysensequenz sind.

2.1. Methoden der Probenvorbereitung

Die Zuverlässigkeit und Genauigkeit selbsttätig ausgeführter Analysen mit Hilfe von Analysenautomaten hängt in der Betriebskontrolle oft ganz entscheidend von der richtigen Probenvorbereitung ab.

Im Gegensatz zur *Probenzuführung* zum Automaten, die über weitere Strecken, dabei auch unter Umschalten des Probenstromes auf verschiedene zu überwachende Lösungen abläuft, soll unter *Probenvorbereitung* alles das verstanden werden, was geräteintern vor sich geht.

Die Probenvorbereitung erfolgt stets vor der eigentlichen Probennahme für die analytische Weiterverarbeitung.

In Anbetracht der häufig anzutreffenden Proben, die Schlamm oder Luft- bzw. Gasblasen enthalten, ist es Hauptaufgabe der Probenvorbereitung, durch *Filtration* und *Entlüften* für eine definierte Probe zu sorgen und zugleich Störungen im Analysenautomaten durch eine Ablagerung von Niederschlägen und Ausbildung von Gaspolstern zu vermeiden.

Bei heißen Lösungen muß fallweise ein Probenkühler, bei Lösungen, die zum Auskristallisieren infolge Übersättigung neigen, die Aufrechterhaltung einer bestimmten Temperatur des Probenstromes vorgesehen werden.

Bei der Filtration kann in bestimmten Fällen auf eine bereits aus anderen Gründen vorhandene Vorrichtung zum Entfernen von Schwebstoffen zurückgegriffen werden. Die Probenahme hat dann hinter dem Filter zu geschehen.

Fehlt ein Hauptfilter, wird üblicherweise nur der vom Analysenautomaten benötigte Probenstrom filtriert. Ein hierfür verwendetes typisches *Filter* zeigt Abb. 1.

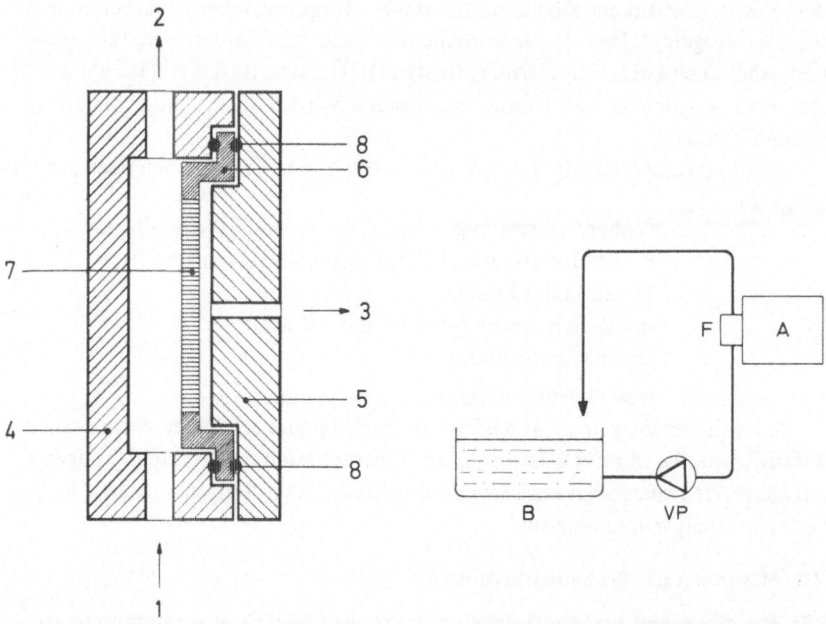

Abb. 1. Schematisierter Aufbau eines Probenfilters. *1-2* Ein-/Austritt des Probenstromes (vgl. auch Bild 2), *3* Austritt des Filtrates (= Eingang Analysenautomat), *4* abnehmbarer Deckel, *5* Grundplatte des Filtergehäuses, *6* Träger für Filterscheibe *7*, *8* O-Ringdichtungen

Abb. 2. Fließbild eines Probenvorkreises. *B* zu überwachendes Bad, *VP* Vorkreispumpe, *F* Probenfilter (vgl. Abb. 1), *A* Analysenautomat. Der Probenstrom im Vorkreis hat die Laufrichtung *B–VP–F–B*

Die zu filtrierende Probe wird nach Abb. 2 über einen Probevorkreis dem Bad entnommen und dem im Eingang des Analysenautomaten liegenden Filter zugeführt.

Die Fördergeschwindigkeit ist dabei so hoch zu wählen, daß die Distanz zwischen Ort der Probenahme und Gerät ohne das Auftreten störender Totzeiten überbrückt wird.

Nach der Filtration gelangt die Probe zur *Entlüftung*. Ein hierfür bewährtes Prinzip zeigt Abb. 3.

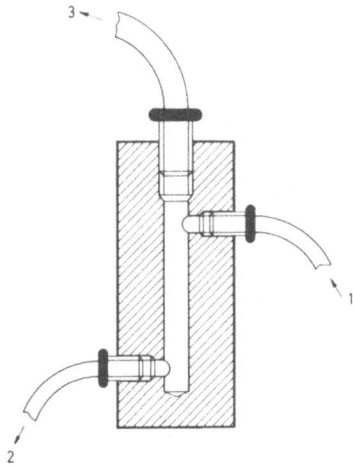

Abb. 3. Vereinfachter Aufbau einer Vorrichtung zur Probenentlüftung. *1* Eintritt der gashaltigen Probe, *2* Entnahme der gasfreien Probe, *3* Abziehen des Gasanteiles

Zum Kühlen oder Heizen von Proben soll hier noch bemerkt werden, daß die auf volumetrischer Basis erfolgende Probenahme nur dann ohne zusätzliche Fehler arbeitet, wenn für eine *Temperaturkonstanz* des Probenstromes auf etwa + 10 °C gesorgt wird (vgl. Abschnitt 3).

2.2. Die Probendosierung und die Zugabe von Hilfslösungen

Bei der Probendosierung kommt es darauf an, von der vorbereiteten Probe ein möglichst genau definiertes Volumen abzumessen und dem Reaktionsraum zuzuführen, in dem die Umsetzung mit dem Titrationsmittel folgt. Die Zugabe von Hilfslösungen kann notwendig werden, wenn z.B. eine komplexometrische Titration bei einem bestimmten pH-Wert ablaufen soll. Die Hilfslösung besteht in diesem Fall aus einem geeigneten Puffer.

Tabelle 2. *Gegenüberstellung verschiedener Dosierprinzipien*[19]

Dosierprinzip	Bevorzugte Anwendung	Kritische Punkte	Sonstige Angaben
1. Pipetten (Kontakt-, Heber- oder Überlaufprinzip)	Dosieren von Probe und Hilfslösungen bei diskontinuierlicher Titration. Mit Wasserstrahlinjektoren verbundene Heberpipetten ermöglichen mit der Dosierung der Probe auch eine solche von Verdünnungswasser	Störung durch Schaumbildung (Tenside)	Auch Verwendung von fest eingestellten Kolbenbüretten
2. Kolbenbüretten (mit genau gearbeitetem Verdrängungskolben)	Dosierung des Titrationsmittels bei diskontinuierlichen Titrationen	Hahnautomatik, Rückschlagventile, Bildung von Gasblasen und Gaspolstern	Einfache Alternative der Volumenanzeige analog/digital mit Folgepotentiometern oder Impulsgebern (Schrittmotorantrieb). Fallweise auch Verwendung von Wägebüretten 20,21)
3. Dosierpumpen a) Kolben- oder Membranpumpen mit Ventilen	Dosierung von Probe, Titrationsmittel und Hilfslösungen bei kontinuierlichen Titrationen	Ventilkörper und Ventilsitz (Störung durch Ablagerungen und Gaspolster)	Erhalten von Volumensignalen durch elektromechanische oder drehzahl-variablen Antrieb
b) Ventillose Pumpen mit Rotationskolben	Wie a), besonders auch für Dosierung des Titrationsmittels bei diskontinuierlichen Titrationen	–	Volumensignal aus drehzahlvariablem Antrieb oder durch drehzahlproportionale Impulsabgabe (Digital-Signal)
4. Schlauchquetschpumpen (Rotierende Dosierköpfe oder drückende Stempel (= Peristaltikpumpen))	Vorzugsweise wie 3 a)	Optimale Wahl des Schlauchmaterials, mechanische Präzision des Schlauchbettes	Volumensignal wie bei 3 b) erhalten

Hilfslösungen können aber auch die Aufgabe übernehmen, störende Niederschlagsbildungen, z.B. auf der den Titrationsablauf verfolgenden Indikatorelektrode zu vermeiden. So lassen sich Kalkabscheidungen vermeiden, wenn beispielsweise der Probe ein Polyphosphat zugesetzt wird.

An die Dosiergenauigkeit von Hilfslösungen werden meist wesentlich kleinere Genauigkeitsforderungen gestellt werden.

In zahlreichen Fällen der chemischen Technologie im weitesten Sinne werden die zu analysierenden Lösungen eine so hohe Konzentration aufweisen, daß eine direkte Titration nicht möglich ist. So würde bei der Titration eines Elektrolyt-Bades mit einer Schwefelsäure-Konzentration von mehr als 100 g/l eine störend hohe Neutralisationswärme auftreten. Hier muß mit der Probendosierung eine Zugabe von Verdünnungswasser, oft in der 100fachen Menge der Probe, verbunden sein. Auch das Verdünnungswasser muß nicht sehr genau dosiert werden.

Die hier und in den folgenden Abschnitten besprochenen Maßnahmen sollen mit einer Betrachtung der sich anbietenden verschiedenen Prinzipien der Dosiertechnik vorbereitet werden.

Tabelle 2 zeigt die wichtigsten der bekannt gewordenen Möglichkeiten und stellt zugleich den Versuch einer kritischen Bewertung der Prinzipien gegeneinander dar.

Es erscheint weiterhin angebracht, hier eine Abgrenzung der Einsatzmöglichkeiten von Automaten zur diskontinuierlichen bzw. kontinuierlichen Titration zu bringen. Aus Tabelle 3 lassen sich die Zuständigkeitsbereiche beider Prinzipien entnehmen.

Tabelle 3. *Abgrenzung der hauptsächlichen Anwendungsmöglichkeiten diskontinuierlicher Titrationen (Bedeutung der Vorzeichen: + = möglich; − = nicht möglich)*

Anwendungs-Kriterium	Diskontinuierliche Titration	Kontinuierliche Titration
Lösungen mit rascher Konzentrationsänderung	−	+
Bestimmung mehrerer Komponenten mit nur 1 Dosiereinheit für Probe u. Titrationsmittel	+	− (bedingt möglich, wenn Mehrkanalpumpen verwendet werden)
Ausführung komplizierter Analysen (z.B. mit verschiedenen Hilfslösungen)	+	−
Anwendung langsam ablaufender analytischer Reaktionen	+	−
Anwendung von Fällungstitrationen	+	−
Analyse hochkonzentrierter Lösungen	+	−
Ausgabe digitaler Konzentrations-Signale (Ausdrucken)	+	−

F. Oehme

2.3. Die Titration der Probe

Im Gegensatz zu den bisher betrachteten Dosiervorgängen liegen die Verhältnisse bei der Titration der Probe — also der Dosierung des Titrationsmittels — insofern anders, als hier ein *variables* Volumen zuzugeben ist und außerdem nach Beendigung der Titration ein meist elektrisches *Signal* zur Verfügung stehen soll, das in direkter Beziehung zum Verbrauch an Titrationsmittel steht. Hierin liegt der Grund, daß einige der für eine Dosierung von Proben und Hilfslösungen geeignete Mittel nicht für die eigentliche Titration übernommen werden können.

Drei typische Beispiele zum Erzeugen eines Volumensignals werden in Abb: 4a—c veranschaulicht.

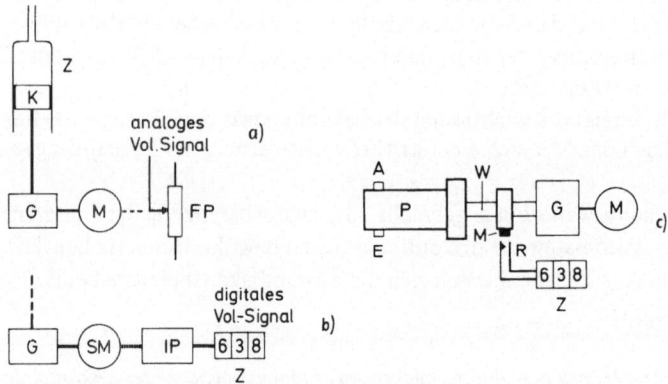

Abb. 4 a—c. Gegenüberstellung verschiedener Möglichkeiten zum Erzeugen von volumenproportionalen Signalen. a) Kolbenbürette mit angekoppeltem Folgepotentiometer. *Z* Zylinder der Bürette, *K* Kolben, *G* Getriebe, *M* Motor, *FP* Folgepotentiometer; b) Kolbenbürette mit Schrittmotorantrieb. *SM* Schrittmotor, *IP* Impulsgeber, *Z Zähler,* elektronisch mit *IP* verbunden (übrige Abkürzungen vgl. a); c) Drehkolbenpumpe mit digitaler Signalausgabe. *P* Pumpe mit Eingang *E* und Ausgang *A*, *W* Antriebswelle, *M* Permanentmagnet, der mit *W* fest verbunden ist, *R* Reed-Relais, vom Magnet *M* angesteuert, *G* Getriebe, *M* Motor, *Z* Zähler, durch *R* bzw. *M* mit Impulsen gesteuert

2.4. Die Endpunktindikation[2,12,14,15]

Hauptaufgabe der Endpunktindikation ist, die Zugabe des Titrationsmittels abzustoppen und die Ausgabe eines zum verbrauchten Volumen in Beziehung stehenden Signals freizugeben. Indikationsmittel können im weitesten Sinn Sensoren sein, welche auf die bei der Titration ablaufende Veränderung der Probe ansprechen. Als Titrationskurve ist weiter die funktionelle Abhängigkeit des vom Sensor gelieferten Signals von der Zugabe an Titrationsmittel zu verstehen.

82

Zur Endpunktindikation in Titrierautomaten bei der Betriebskontrolle eignen sich keineswegs alle in der Laborpraxis brauchbaren Indikationsmethoden. So scheiden zunächst alle Methoden aus, welche eine Abhängigkeit des vom Sensor gelieferten Anfangssignals von der schwankenden Probenzusammensetzung aufweisen. Das gilt z.B. für *konduktometrische Titration*, die im einfachsten Fall auf eine Änderung der Probenzusammensetzung mit einer Parallelverschiebung der Titrationskurve ansprechen.

Methoden, die im Endpunkt der Titration einen Extremwert durchlaufen, kommen ebenfalls nicht in Frage. Die Indikationsfunktion ist hierbei im Bereich des Endpunktes zweideutig. Das gilt beispielsweise für zahlreiche Methoden der *Polarisationsspannungs-Titration*.

Inwieweit die speziell bei komplexometrischen Titrationen gewählte *photometrische Endpunktindikation* brauchbar ist, muß von Fall zu Fall geprüft werden. Sie verbietet sich *a priori* bei allen Lösungen, die Schwebstoffe enthalten und dadurch zu undefinierten Streulichtverlusten führen.

Sensoren, welche auf eine im Laufe der Zeit zustande kommende Ablagerung von *Niederschlägen* reagieren, sind methodisch ebenfalls auszuscheiden. Gegen Niederschlagsbildung empfindlich sind alle stromaktiven elektrochemischen Sensoren, also etwa Leitfähigkeitselektroden und Elektroden zur Polarisationsspannungs-Titration.

Weitgehend frei von den genannten Einschränkungen und Störanfälligkeiten ist die *potentiometrische Endpunktindikation*. Als Sensor dient dabei eine aus einer Indikator- sowie einer Referenz-Elektrode bestehende Meßkette.

Die Hauptvorteile der Potentiometrie sind folgende:

a) Eine sehr breite Anwendungsmöglichkeit und hohe selektive Erfassung nur einer Komponente in einem Substanzgemisch. Das wird erreicht

durch die Wahl der Indikatorelektrode in Form einer auf pH-Änderungen ansprechenden Gaselektrode oder eine Redoxpotentiale erfassende Edelmetallelektrode und neuerdings durch eine Vielzahl ionensensitiver Elektroden,

durch die Wahl des Titrationsmittels, das neben der Indikatorelektrode die Selektivität der Titration entscheidend mitbestimmt (vgl. das unter 1. gegebene Beispiel der Zinn(II)-bestimmung und

durch die ebenfalls die Selektivität beeinflussende Zugabe von Hilfslösungen, z.B. von Pufferlösungen in der komplexometrischen Titration.

b) Eine monotone Titrationsfunktion, das heißt eine von Extremwerten freie Titrationskurve. Änderungen der Elektrolytzusammensetzung der Probe wirken sich auf das Meßkettenpotential nur mit dem Logarithmus der Wurzel der Gesamtionenstärke aus. Durch Zugabe indifferenter Elektrolyte in hoher Konzentration läßt sich die Titrationskurve in engen Grenzen konstant halten.

Aber auch die potentiometrische Indikationsmethode ist nicht frei von Schwierigkeiten, die nach apparativen Anpassungen verlangen.

So wünschenswert bei Labor-Titrationen mit die Titrationskurve aufzeichnenden Geräten ein möglichst großer und steiler Sprung, d.h. eine ausgeprägte Änderung des Meßkettenpotentials im Bereich des Äquivalenzpunktes ist, so unerwünscht ist ein solcher Effekt besonders bei kontinuierlichen Titrierautomaten. Steile Sprünge entsprechen vom regeltechnischen Prinzip her einer hohen Kreisverstärkung des inneren Regelkreises. Diesem kommt die Aufgabe zu, Übertitrationen dadurch zu vermeiden, daß er praktisch trägheitslos bei der ersten Andeutung einer Übertitration die Geschwindigkeit der Zugabe des Titrationsmittels reduziert. Ein solches Idealverhalten läßt sich aber nur näherungsweise realisieren, nicht zuletzt auch deshalb, weil das chemische System immer eine bestimmte Trägheit aufweisen wird, die teils auf der nur endlichen Mischungsgeschwindigkeit von Probe und Titrationsmittel beruht, teils auch auf der bei Molekülreaktionen nicht beliebig kurzen Reaktionszeit der Partner.

Komplikationen können auch dann auftreten, wenn der Äquivalenzpunkt nicht oder wenigstens nicht näherungsweise dem Wendepunkt der Titrationskurve entspricht. Eine solche Erscheinung ist besonders bei der Indikation komplexometrischer Titrationen mit bestimmten ionensensitiven Elektroden zu beobachten (vgl. Bild 5 c).

Durch Stromüberlagerung — also durch Methoden, die der Polarisationsspannungs-Titration entsprechen — lassen sich steile Potentialsprünge verflachen, vom regeltechnischen Gesichtspunkt aus also verbessern [22,23]. Aber eine solche stromintensive Methode spricht, wie bereits hervorgehoben, auf jede unkontrollierbare Änderung der Oberfläche der Indikatorelektrode an. Das ist der Grund, weshalb derartige Methoden ihre Hauptanwendung in der reinen Laboranalytik finden.

Eine Verflachung von Titrationskurven, besonders bei acidimetrischen und alkalimetrischen Titrationen, kann auch nach einem anderen Prinzip vorgenommen werden. Dabei wird so vorgegangen, daß etwa bei der Titration einer Base das Titrationsmittel ein Gemisch von Säuren sich eng überlagernder pK- Werte ist [24,25]. Der Nachteil eines solchen Vorgehens liegt in der relativ komplizierten Zusammensetzung des Titrationsmittels, nicht zuletzt auch auf der Kostenseite.

Für Redoxtitrationen ist eine solche chemische Verflachung von Titrationskurven nur sehr bedingt möglich. Bei ionensensitiven Elektroden zur selektiven Indikation von Kationen und Anionen kommt dieses Vorgehen aus anderen Gründen nicht in Frage.

Abb. 5a - d bringt nochmals eine vergleichende Gegenüberstellung der hier angeführten, im weiteren Sinne potentiometrischen Indikationsmethoden.

Wenn die bisherigen Betrachtungen mehr auf der Seite der Sensoren zur Endpunktindikation lagen, darf nicht außer Acht gelassen werden, daß auch die *Eigenschaften der Meßwertverstärker* ganz entscheidend das Verhalten eines Titrierautomaten beeinflussen.

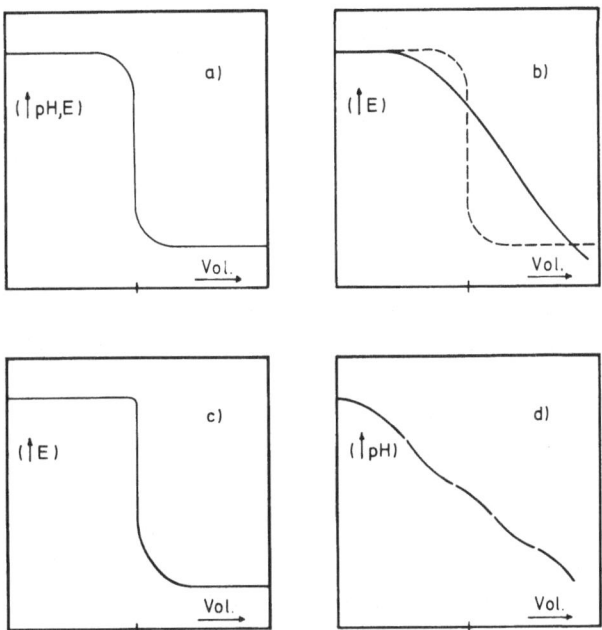

Abb. 5a-d. Titrationskurven verschiedener potentiometrischer Indikationsmethoden. a) Klassische potentiometrische Titration (pH-/Redox-Titration); b) Redox-Titration mit Überlagerung eines konstanten Stromes (Polarisationsspannungs-Titration); c) Indikation einer komplexometrischen Titration mit einer Kupfer-sensitiven Meßkette; d) pH-Titration einer Base mit einem Säuregemisch (Überlappen der pK-Werte)

Eine Verstärkung des von einem Sensor — hier überwiegend von einer potentiometrischen Meßkette — abgegebenen Signals, stellt immer eine *Leistungsverstärkung* dar. Eine gute Darstellung der geltenden Zusammenhänge findet sich bei Wolf [26].

Eine Besonderheit der Potentiometrie liegt darin, daß die verwendeten Meßelektroden oft recht hochohmig sein können. Widerstandswerte in der Größenordnung von 10^9 Ohm sind keine Seltenheit. Das stellt an den Verstärker zusätzlich die Forderung nach einer sehr hohen Eingangsimpedanz. Sie muß mindestens um den Faktor 100 höher als der Meßkettenwiderstand liegen, wenn eine zufolge Spannungsteilereffekten auftretende Meßwertverfälschung kleiner als 1% sein soll [27]. Weiter ist wichtig, daß der Verstärker drift-frei ist. Das gilt nicht nur für eine zeitliche Drift, sondern auch ganz besonders für eine durch Änderung der Temperatur zustande kommende. Speziell bei den in der Betriebspraxis oft anzutreffenden erhöhten Raumtemperaturen ist zu bedenken, daß sich diese zu der durch Verlustleistungen im Verstärker zustande kommende Eigenerwärmung addieren wird. Hier können nur sorgfältige Prüfungen in Klimaschränken zum Aufstellen von Gerätespezifikationen helfen. welche die Umweltbedingungen definieren, denen die Geräte ausgesetzt werden dürfen.

Zusammen mit der Zugabe des Titrationsmittels müssen so gut wie immer bestimmte *regeltechnische Maßnahmen* ergriffen werden. Das ist notwendig, weil bei der potentiometrischen Methode der Endpunktindikation bereits bei einer kleinen Zugabe des Titrationsmittels in der Umgebung des Äquivalenzpunktes sehr große Änderungen des Meßkettenpotentials auftreten. Infolge der nur endlichen Mischungsgeschwindigkeit des zugesetzten Titrationsmittels und des oft nicht gleich Ansprechens der Indikatorelektrode besteht folglich die Gefahr einer Analysenverfälschung durch Übertitration. Um eine solche zu vermeiden, wird meist so vorgegangen, daß das im Ausgang des Meßverstärkers anfallende verstärkte Signal der indizierenden Meßkette in einen Regler eingegeben wird. Dieser nimmt einen Vergleich mit zusätzlich eingegebenen wählbaren Grenzwerten vor, bei deren Überschreitung Maßnahmen zur Verringerung der Geschwindigkeit der Titrationsmittelzugabe wirksam werden. Auch bei kontinuierlichen Titratoren sind ähnliche Vorkehrungen zu treffen. Allgemein spricht man in derartigen Fällen vom Vorliegen eines *inneren* Regelkreises. Diese regeltechnischen Maßnahmen unterscheiden sich prinzipiell nicht von denen des *äußeren* Regelkreises, der bei auftretenden Konzentrationsabweichungen in der zu überwachenden Lösung die gleichen Aufgaben hat. (Vgl. Abschnitt 2.5 und Abb. 6).

2.5. Die Signalausgabe und die Signalverarbeitung

Ein Analysenautomat zur Betriebskontrolle muß ein in eindeutiger Beziehung zur Konzentration der zu überwachenden chemischen Verbindung stehendes Signal ausgeben. Diese Signale sind vorzugsweise Spannungen oder Ströme. Fallweise werden sie auch durch *elektropneumatische Transmitter* in einen proportionalen Luftdruck umgewandelt.

Auf die sich anbietenden Möglichkeiten zur Erzeugung volumenproportionaler Signale wurde bereits in der Tabelle 2 eingegangen.

Analoge Signale werden entweder durch Zeigerinstrumente angezeigt oder durch Punkt- bzw. Linienschreiber registriert. Sie geben jederzeit eine Aussage über den *Istwert* der interessierenden Konzentration. Nach Eingabe in einen Regler, der den Istwert mit einem vorgewählten *Sollwert* vergleicht, liefern sie die Voraussetzung für das Funktionieren eines äußeren Regelkreises. Bei einer auftretenden *Regelabweichung,* d.h. einer Differenz zwischen Ist- und Soll-Wert, kommt es zu automatischen Korrekturmaßnahmen, welche die Regelabweichungen beseitigen [6,7].

In Abb. 6 und 7 werden zwei typische Regler einander gegenübergestellt. Abb. 6 bringt des besseren Verständnisses wegen zusätzlich noch einen schematisierten Stromablauf des Meßwertverstärkers, der das Signal des Istwertes liefert. Der in Abb. 6 dargestellte Regler gehört zur Gruppe der meßwerklosen. Hier ist

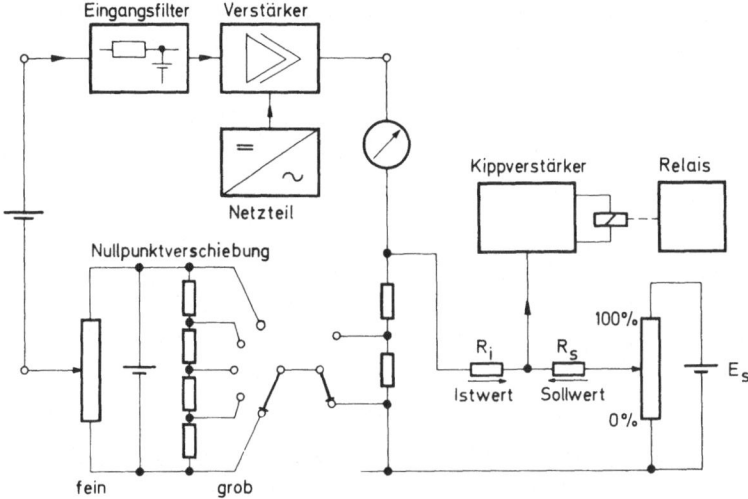

Abb. 6. Meßwertloser Regler. Der Ausgangsstrom (= Ist-Wert) eines Meßwertverstärkers (linker Bildteil) erzeugt an R_i einen Spannungsabfall. Von der Spannungsquelle E_s läßt sich mit einem Potentiometer eine Teilspannung von 0 bis 100% abgreifen (= Sollwert). Der durch R_s fließende Strom erzeugt einen Spannungsabfall, welcher dem von R_i entgegengesetzt ist. Bei Gleichheit beider Spannungen schaltet der Kippverstärker und steuert z.B. ein Relais.

der Soll-Ist-Vergleich rein elektronisch vorgenommen. Die Anzeige des Istwertes der Konzentration übernimmt in solchen Fällen ein zusätzliches Zeigerinstrument.

Der in Abb. 7 veranschaulichte Regler mit Meßwerk dagegen stellt eine Kombination von Anzeiger und Regler dar. Im Gegensatz zum meßwerklosen Regler zeigt er auf einen Blick die Stellung der Sollwerte und die vorliegende Regelabweichung.

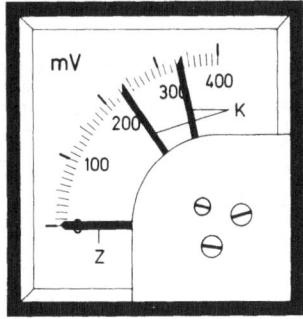

Abb. 7. Regler mit Meßwerk. Beim Vorübergang des Zeigers Z des Instrumentes vor den beiden verstellbaren Kontakten K werden Schaltfunktionen ausgelöst

Digitale Signale werden meist bei diskontinuierlichen Titratoren ausgegeben. Neben einer Anzeige durch Rollenzähler oder mit Leuchtziffern ermöglichen sie ein einfaches Ausdrucken der Konzentration. Zusammen mit dieser ist es leicht möglich, z.b. zusätzlich die Uhrzeit, die Analysennummer oder — bei Mehrkomponententitratoren — die analysierte Komponente auszudrucken. Mit handelsüblichen integrierenden Verstärkern oder mit Hilfe eines Schrittmotors, der ein Spannungsteilerpotentiometer verstellt, lassen sich digitale Signale auch leicht wieder analog umwandeln. Eine solche Umwandlung wird beispielsweise dann vorgenommen, wenn das Signal in einen Regler eingegeben werden muß.

Unter Zuhilfenahme von Vorwählzählern können unmittelbar offene Regelkreise aufgebaut und zur Konzentrationsregelung verwendet werden [28].

3. Die mit Titrierautomaten erreichbare Analysengenauigkeit

Eine exakte Beantwortung der Frage nach der erreichbaren Genauigkeit ist keineswegs einfach, nicht zuletzt auch deshalb, weil ja keine völlig fehlerfreie Bezugsmethode zur Verfügung steht. Genauigkeitsvergleiche werden also immer darauf hinauslaufen, entweder Modellösungen bekannter Zusammensetzung in den Analysenautomaten einzugeben und das Resultat mit der vorgegebenen Konzentration zu vergleichen, oder aber — ein in der Betriebspraxis eher bevorzugter Weg — den Automaten direkt an eine zu überwachende Lösung anzuschließen und seine Resultate mit durch konventionelle Methoden erhaltenen Werten zu vergleichen.

Auf diese Art läßt sich der Gesamtfehler bzw. die Gesamtgenauigkeit testen. Diese Werte setzen sich aus einer Vielzahl von Einzelwerten zusammen. An Hand von Tabelle 4 soll versucht werden, aufzuzeigen, welche typischen Fehlereinflüsse bei Titrierautomaten auftreten können. Im Schrifttum sind nur ganz vereinzelt Fehlerdiskussionen zu finden [29], kaum solche, die unter echten Betriebsbedingungen erhalten wurden.

Eigene Untersuchungen beziehen sich auf Analysen mit dem *Multimat* [33], einem diskontinuierlichen Titrierautomaten mit Digitaldrucker. Zur Gesamtgenauigkeit sollen noch zwei Beispiele gegeben werden.

Der erste Fall betrifft die titrimetrische *Bestimmung freier Salpetersäure in einem Aluminium-Ätzbad.* Eine direkte alkalimetrische Titration ist nicht möglich, da durch eine partielle Fällung von Aluminiumhydroxyd erhebliche Analysenfehler auftreten würden. Deshalb ist eine Probenvorbereitung notwendig. Sie besteht darin, daß der Probe ein Komplexbildner für Aluminium zugesetzt wird, der so auszuwählen ist, daß bei der Komplexierung von Aluminium Protonen weder freigesetzt noch gebunden werden. Wir wählten hierfür Oxalate, die den Erfordernissen gut gerecht werden [31,32].

Tabelle 4. *Zusammenstellung von Fehlerquellen, welche die Genauigkeit von Titrierautomaten zur Betriebskontrolle bestimmen*

Fehlerursache	Bemerkung
Fehler bei der Dosierung der Probe oder des Titrationsmittels	Häufigste Ursachen: Die Probe wird nicht frei von Gasblasen (Schaum) dosiert. Schwebstoffe stören bei höheren Konzentrationen ebenfalls, da sie undefiniert Lösung einschließen oder verdrängen. Temperatureinflüsse stören nur, wenn eine Schwankung von mehr als $\pm$ 10°C auftritt, was einem typischen Volumenfehler von etwa $\pm 0,5\%$ entspricht
Fehler durch rein chemische Einflüsse	Typisches Beispiel: Das Titrationsmittel weist eine ungenügende Langzeitkonstanz des Titers auf. Auch durch Abdunsten von Lösungsmittel in nur noch teilweise gefüllten Vorratsbehältern (z.B. 30 Liter) kommen Fehler zustande. Wenn luftoxydable Proben dosiert werden, muß unter Umständen unter Schutzgas gearbeitet werden (z.B. bei Zinn (II)salzlösungen)
Fehler der Indikationsmethode	Durch undefinierbare Veränderungen indizierender Elektroden kommt es zu einer Verschiebung und Verzerrung der (beispielsweise potentiometrischen) Titrationskurve. Niederschläge auf der Indikatorelektrode bewirken träges Ansprechen und meist Übertitration. Bei potentiometrischen Referenzelektroden kann es im Diaphragma zu Ausfällungen kommen. Außerdem besteht Gefahr, daß Probe in den Referenzelektrolyten diffundiert und das Referenzsystem "chemisch" stört. Abhilfe: Durch hydrostatischen oder pneumatischen Überdruck wird stets eine kleine Menge Referenzelektrolyt von einem Vorrat durch das Diaphragma gedrückt
Elektronische Fehler	Hierher gehört z.B. eine Langzeit- oder Temperaturdrift des Meßwertverstärkers. Im Betrieb können u.U. ungewöhnliche hohe Umgebungstemperaturen auftreten, was sowohl bei der Entwicklung der Verstärker als auch beim Installieren des Titrierautomaten zu berücksichtigen ist. Luftfeuchte kann zu Hochohmigkeitsstörungen führen. Korrodierende Atmosphäre verursacht Kontaktstörungen (Abhilfe: Fremdgasbelüftungen des Gehäuses)
Regeltechnische Fehler	Sie treten auf, wenn der Analysenautomat Bestandteil eines (äußeren) Regelkreises ist. Die Ursachen können sehr vielfältiger Art sein. Typisches Beispiele: Lange Totzeiten, falsch ausgewählte oder schlecht angepaßte Regler (vgl. auch [30])

Abb. 8 bringt eine graphische Auswertung von Abweichungen der Säurekonzentration von 40 aufeinander folgenden Analysen, die vom Multimaten ausgedruckt wurden.

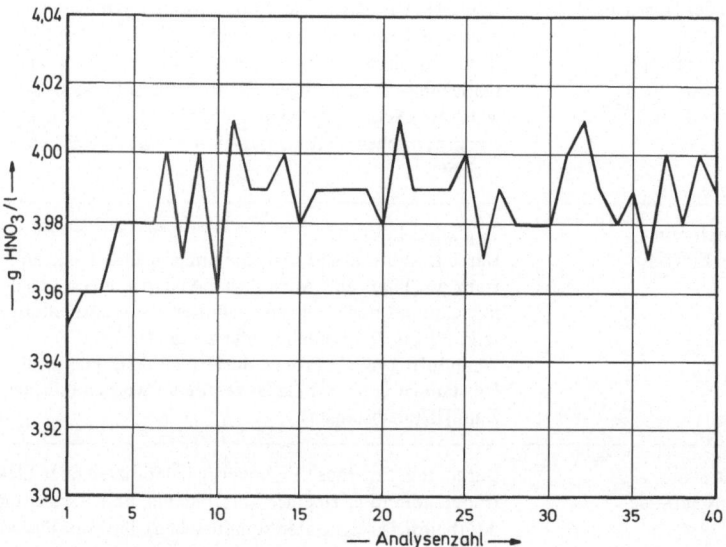

Abb. 8. Fehlerdiagramm eines Analysenautomaten zur Titration von Salpetersäure in einem Aluminium-Ätzbad. Die Genauigkeit der Säurebestimmung beträgt 3,98 ± 0,035 g HNO_3/Liter

Bei dieser relativ komplizierten analytischen Aufgabe ist es durch die Verknüpfung verschiedener Dosiervorgänge miteinander durchaus möglich, Genauigkeiten von ± 0,5% zu erreichen.

Abb. 9 bringt eine Reihe von Fehler-Diagrammen, die durch den Einsatz eines Multimaten als Konzentrationsregler erhalten wurden. Es handelt sich allerdings um ein Modellbad, das eine Aufschaltung verschiedener Störgrößen erlaubt. Diese waren so eingestellt, daß aus dem auf Niveaukonstanz gefahrenen Bad mit einer Pumpe wählbarer Förderleistung verschiedene Mengen Säure entnommen wurden. Die Niveauregelung gleicht diese Säureentnahme durch einen Wasserzusatz aus, mit dem Erfolg, daß ohne Regelung der Säurekonzentration auf den Sollwert die Konzentrationsabnahme nach Abb. 9 zustande kommt. Wird dagegen dem Multimaten ein Regler nachgeschaltet, der aus einem Säurevorrat höherer Konzentration automatisch für einen Ausgleich der Konzentrationsabnahme sorgt, bleibt die Säurekonzentration im Bad auf etwa ± 1% konstant.

Des weiteren haben wir in der Betriebspraxis Erfahrungen mit Titrierautomaten sammeln können, die wesentlicher Bestandteil von Regelkreisen waren. In solchen

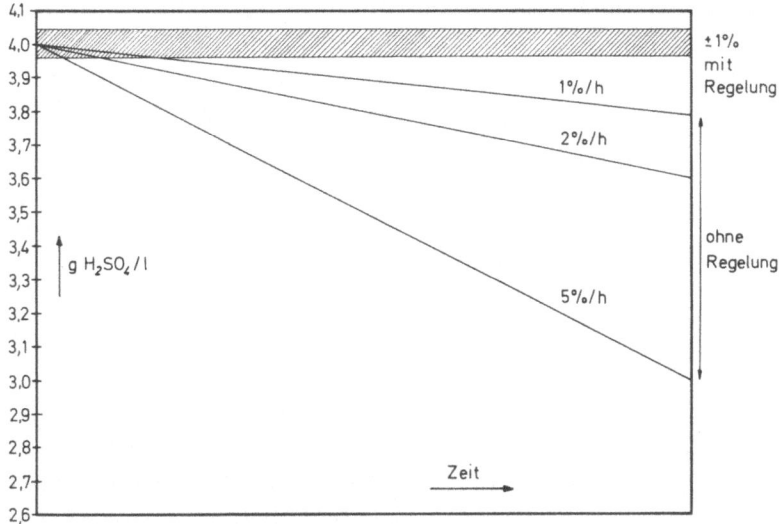

Abb. 9. Erreichbare Regelgenauigkeit (= schraffiertes Fehlerband) bei Regelung der Schwefel-
säurekonzentration in einem Bad.
Unabhängig von den eingegebenen Störgrößen, welche ohne Regelung eine Konzentrationsänderung zwischen 1 bis 5% pro Std. bewirken würden, bleibt die geregelte Säurekonzentration
auf ± 1% konstant

Fällen kennzeichnet die verbleibende Konzentrationsschwankung bestimmter
chemischer Verbindungen des Bades die Leistungsfähigkeit besser als eine rein apparative Fehleruntersuchung.

Als Beispiel sei die *Konzentrationsregelung von Phosphatierungsbädern* zur
Oberflächenbehandlung von Auto-Karosserien genannt. In Anlehnung an die bislang üblichen manuellen Laboranalysen wird der Gesamtsäuregehalt eines Bades
durch sogenannte G-Punkte, der Gehalt an beschleunigend wirkendem Nitrit
durch Z-Punkte ausgedrückt [34]. Der *Bondomat* [1,2] hält die G-Punkte z.B. auf
12,5 ± 0,07 konstant. Es darf hierbei nicht übersehen werden, daß der oft hohe
Schlammanteil der Phosphatierungsbäder große Anforderungen an die Filtration
im Rahmen einer Probenvorbereitung stellt.

Die *Konzentrationsregelung von Wasserstoffperoxyd* in Bleichbädern liefert
ein weiteres Beispiel für den Einsatz von Titrierautomaten zur Konzentrationsregelung. Das als Stabilisator dem Bad zugesetzte Silicat brachte zunächst Filter-
probleme mit sich und bewirkte zudem in kurzer Zeit ein Verkrusten der Indikatorelektrode. Die Entwicklung von Spezialfiltern überwand das Schlammproblem,
während eine Zudosierung kleiner Mengen von Komplexon III zu der dem Titrierautomaten zugeführten Probe die Indikatorelektrode sauber hält. Wichtig ist auch

das einwandfreie Funktionieren der Probenentlüftung (vgl. Abb. 3). Das tensid-haltige Bad neigt zufolge eines gewissen Selbstverfalls stark zum Schäumen.

Der *Konzentromat* [3)] (vgl. auch Abschnitt 4) hielt die Peroxydkonzentration im Saturator von Kontinue-Bleichstraßen auf ± 3% konstant − ein ausgezeichnetes Ergebnis in Anbetracht der schwierigen Bedingungen.

4. Ausführungsbeispiele von Titrierautomaten zur Betriebskontrolle

An Hand ihrer Fließbilder und mit Hilfe der wichtigsten elektronischen Funktionen sollen im folgenden zwei technisch realisierte Lösungswege von Titrierautomaten aufgezeigt werden.

Der *Konzentromat* ® stellt einen kontinuierlich arbeitenden Titrierautomaten dar, der immer dann einzusetzen ist, wenn ein hoher Störgrößeneinfluß besteht. Dieser hat die Tendenz, die im zu überwachenden Bad vorliegende Ausgangskonzentration (= Sollwert) rasch zu verändern. Folglich müssen automatisch eingeleitete Korrekturmaßnahmen kurzfristig auszuführen sein. Eine der wichtigsten Voraussetzungen hierfür ist die kontinuierliche Arbeitsweise des Gerätes.

Weiter von Bedeutung ist, die Totzeit des *inneren* Regelkreises des Titrierautomaten so klein wie möglich zu halten. Realisierbare Werte dieser Totzeit liegen bei etwa 1 Minute. Mit dieser Zeitverzögerung erkennt der Automat im Bad auftretende Konzentrationsänderungen und leitet regeltechnische Maßnahmen im *äußeren* Regelkreis ein, welcher die Aufgabe hat, die Sollwertabweichungen auszugleichen.

Abb. 10 veranschaulicht das Fließbild des Konzentromat.

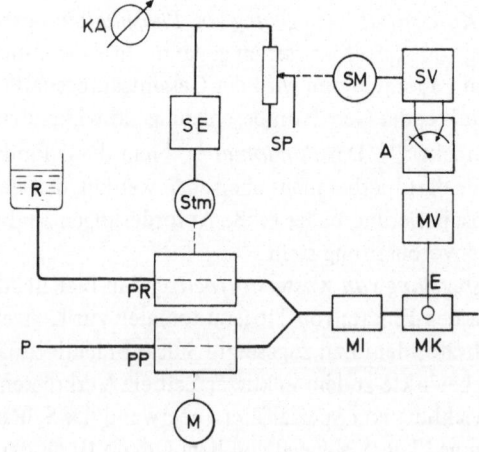

Abb. 10. Fließbild eines kontinuierlichen Titrierautomaten (vgl. Text)

Die der Probeentnahme dienende *Dosierpumpe PP* wird durch einen Motor *M* mit konstanter Drehzahl angetrieben. Sie bewirkt die mit konstanter Fördergeschwindigkeit ablaufende Entnahme einer Probe *P* aus dem zu überwachenden Bad.

Das Titrationsmittel wird mit Hilfe einer zweiten Dosierpumpe *PR,* welche über einen drehzahlvariablen Schrittmotor Stm angetrieben ist, dem Vorratsbehälter *R* entnommen.

Proben- und Titrationsmittelstrom werden der *Mischkammer MI* und anschliessend der *Meßkammer MK* zugeführt. Die Meßkette *E* gibt ein vom Ergebnis der Titration abhängiges Signal an den Meßwertverstärker *MV*, an dessen Ausgang das mit zwei Grenzwertkontakten ausgerüstete *Anzeigeinstrument A* liegt. Die relative Stellung des Zeigers von *A* zu den beiden Kontakten löst das Funktionieren des inneren Regelkreises des Konzentromaten aus. Steht der Zeiger von *A* zwischen den beiden Kontakten, so bedeutet dies, daß die Titration der Probe auf ein den Äquivalenzpunkt beiderseits umfassendes "Sollwertband" ausgeführt wurde. Weicht der Zeiger von *A* dagegen nach links oder rechts von diesem Sollwertband ab, gibt der Servoverstärker *SV* einen vorzeichenrichtigen *Befehl* an den *Servomotor SM* weiter. Eine solche Abweichung vom Sollwertband würde einer Über- bzw. Untertitration entsprechen. Der Motor *SM* verstellt nun ein im Eingang der Schrittmotorelektronik *SE* liegendes Potentiometer *SP* und beeinflußt damit die Drehgeschwindigkeit des *Schrittmotors Stm*. Diese Drehzahlkorrektur wird solange ausgeführt, bis die Meßkette *E* über die Stellung des Zeigers von *A* zu erkennen gibt, daß die Titration wieder auf das Sollwertband ausgeführt wird. Der Servomotor *SM* kommt jetzt zum Stillstand und der Schrittmotor *Stm* dreht mit einer neuen, nunmehr konstanten Geschwindigkeit.

Bei richtig gewähltem Titer des im Vorrat *R* enthaltenen Titrationsmittels ist die Stellung des Potentiometers *SP* ein direktes Maß für die in der Probe *P* vorliegende Konzentration. Damit ergibt sich die Möglichkeit, am Potentiometer *SP* eine Spannung abzugreifen und mit einem weiteren Instrument *KA* anzuzeigen. Dies stellt ein direktes Maß für die Konzentration in der Badprobe *P* dar. Selbstverständlich kann *KA* auch ein Punkt- oder Linienschreiber sein.

Das durch *KA* angezeigte analoge und zur gesuchten Konzentration proportionale Signal kann nun in der bekannten Weise in einen *Regler* eingegeben werden, welcher den so erhaltenen Sollwert mit einem vorgewählten Istwert vergleicht und über einen *äußeren* Regelkreis für die Korrektur einer allfälligen Sollwertabweichung sorgt.

Der innere und äußere Regelkreis verlangt verständlicherweise nach einer Reihe weiterer elektronischer Maßnahmen, die jedoch für das Verständnis der Funktion des Konzentromat ohne Bedeutung sind und deshalb nicht weiter betrachtet werden sollen.

Der des weiteren zu beschreibende *Multimat* kommt als diskontinuierlicher Titrator immer dann zum Einsatz, wenn der Störgrößeneinfluß verhältnismäßig gering ist. Das bedeutet, daß die Badkonzentration bei Ausgang vom Sollwert und ohne äußere Korrekturmaßnahmen nur verhältnismäßig langsamen Veränderungen unterliegt. Er ist besonders geeignet für die Galvanotechnik. Hier sorgt ein anodischer Löseprozeß des als Vorrat vorgegebenen Metalls dafür, daß die kathodische Metallabscheidung auf dem zu behandelnden Gegenstand näherungsweise wieder kompensiert wird. Bei einer 100%igen Stromausbeute an Kathode und Anode würde im Idealfall die Konzentration der Ionen des fraglichen Metalls im Bad sogar konstant bleiben und keinerlei Korrekturmaßnahmen verlangen. Durch unvermeidbare Nebenreaktionen an den Elektroden liegen solche Idealfälle aber so gut wie nie vor.

Die Konzentration der Hauptbestandteile galvanischer Bäder ist meist so groß, daß diese nicht ohne weiteres titriert werden können. Es ist deshalb ein wesentliches Merkmal des Titrimaten, daß er im Rahmen einer Probenvorbereitung eine Verdünnung der Probe vornimmt.

Das Funktionieren des Multimaten soll an Hand des in Abb. 11 gezeigten Fließbildes erklärt werden.

Die zu analysierende Badprobe wird mit Hilfe einer kleinen Vorkreispumpe P im Kreislauf durch das *Überlaufgefäß* U gepumpt. Ein Programmgeber sorgt kurz vor Ausführung einer Analyse dafür, daß die Pumpe P gestoppt wird. Da P selbstdichtend ist, verbleibt in U eine durch das Überlaufniveau begrenzte Probenmenge erhalten. Nunmehr steuert der Programmgeber das mit einem Druckwasservorrat in Verbindung stehende Magnetventil MV I an. Dieses öffnet und gibt Wasser auf den *Wasserstrahlinjektor* W. Der in W erzeugte Unterdruck sorgt über das Saugrohr S für das Absaugen einer definierten Probenmenge aus dem Überlaufgefäß U und überträgt diese – zusammen mit verdünnend wirkendem Injektorwasser – in das *Titriergefäß* T. Die Öffnungszeit des Magnetventiles MV I und damit die in das Gefäß T strömende Menge an Wasser wird durch die beiden in die Lösung tauchenden Kontakte K I und K II bestimmt. Erreicht das Flüßigkeitsniveau K II, wird MV I abgeschaltet. Damit liegt in dem Titriergefäß T jetzt eine abgemessene und verdünnte Probenmenge vor.

Der Programmgeber schaltet jetzt ein in Abb. 11 nicht angegebenes *Rührwerk* und die der Förderung des Titrationsmittels dienende *Dosierpumpe D* ein. Bei letzteren handelt es sich um eine ventillose Drehkolbenpumpe. Pro Umdrehung des Kolbens gibt der auf der Abtriebsachse sitzende Permanentmagnet M einen Schaltimpuls auf das Reed-Relais RR. Über RR wird der Schrittzähler Z pro Umdrehung um eine Einheit weitergeschaltet. Z zeigt somit die Umdrehungen der Dosierpumpe D und damit das hierzu direkt proportionale Volumen des aus dem Vorrat R entnommenen Titrationsmittels an. Durch richtige Wahl des Titers kann auch leicht erreicht werden, daß die Anzeige von Z unmittelbar einem gewünschten Konzentrationsmaß entspricht (z.B. Angabe in g/l).

In die in T befindliche Lösung taucht eine nicht eingezeichnete potentiometrische *Meßkette* ein, die mit einem Meßwertverstärker in Verbindung steht. Im

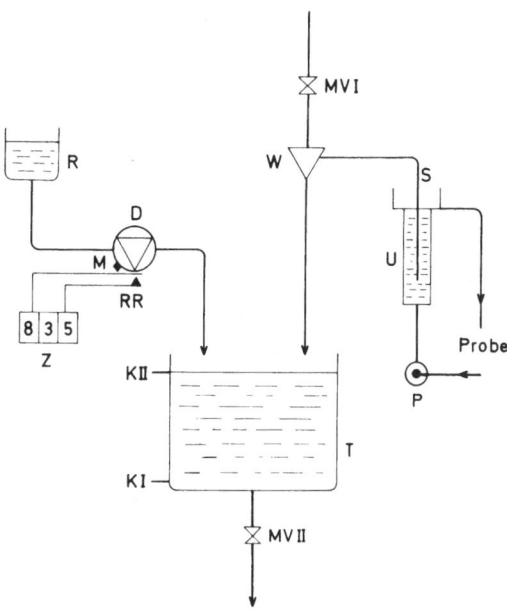

Abb. 11. Vereinfachtes Fließbild eines diskontinuierlichen Titrierautomaten (vgl. Text)

Ausgang des Verstärkers liegt ein Zeigerinstrument mit zwei verstellbaren Grenz-wertkontakten (vgl. Abb. 7). Einer dieser Kontakte steht auf einem Wert, der dem Äquivalenzpunkt der potentiometrisch indizierten Titration entspricht. Der zweite, dem Zeigergang vorgelagerte grenzt dagegen einen Bereich ab, vor dessen Erreichen die *Dosierpumpe D* ständig dreht. Nach Überschreiten dieses Kontak-tes wird *D* durch einen Impulsgeber mit Impulsen wählbarer Länge angesteuert. Diese nunmehr intermittierende Zugabe vermeidet eine Übertitration.

In Übereinstimmung mit Abb. 6 lassen sich die mechanisch verstellbaren Kon-takte durch elektronische Mittel ersetzen.

Die Verknüpfung der Drehgeschwindigkeit der das Titrationsmittel *D* för-dernden Dosierpumpe mit dem Potential der die Titration indizierenden Meß-kette stellt den inneren Regelkreis des Multimaten dar.

Es besteht beim Multimaten durchaus die Möglichkeit, entweder an einen In-jektor *W* mehrere in separate Überlaufgefäße tauchende Saugrohre *S* anzuschlies-sen oder aber mit zwei Injektoren zeitlich nacheinander verschiedene Saugrohre zu betreiben, welche in mehrere Überlaufgefäße *U* tauchen. Derartige Maßnah-men sind notwendig, wenn z.B. eine komplexometrische Titration nach der Zu-dosierung einer Pufferlösung verlangt.

Auch läßt sich die Titration verschiedener Badbestandteile nacheinander vor-nehmen. Meist wird dann für jedes Titrationsmittel eine separate Drehkolbenpum-

F. Oehme

pe (vgl. *D* in Abb. 11) zur Verwendung kommen. Eine Ausnahme hiervon bilden die Fälle, in denen mit ein und demselben Titrationsmittel verschiedene Badbestandteile erfaßt werden können. Die Titration eines schwefelsauren galvanischen Kupferbades auf Säure- und Kupfergehalt wäre ein solches Beispiel.

Es ist ein wesentliches Merkmal des Multimaten, daß er für eine Vielzahl verschiedener analytischer Aufgaben programmiert werden kann. Dabei handelt es sich nicht um eine Zwangsprogrammierung, die ohne Rücksicht auf allfällige Störungen ablaufen würde. Vielmehr wird der nächste Programmschritt erst dann in die Wege geleitet, wenn der vorgängige durch eine *Rückmeldung* als tatsächlich ausgeführt bestätigt ist. Abb. 12 veranschaulicht einen solchen Programmablauf für eine Titration von zwei verschiedenen Komponenten unter Zugabe von Hilfslösungen und Einschalten eines Spülzyklus zwischen den beiden Titrationen.

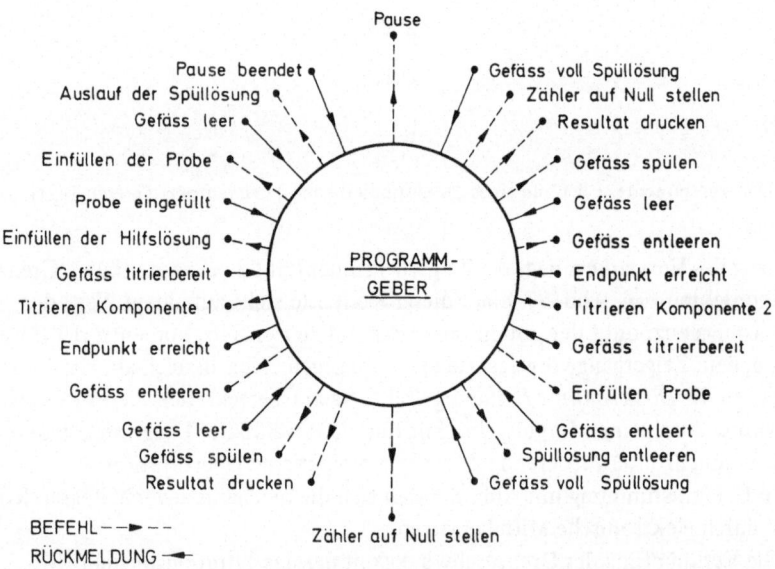

Abb. 12. Ablauf der verschiedenen Programmschritte eines Titrierautomaten für 2 Komponenten. Das Programm beginnt bei "Pause" und läuft linksherum ab

Auf konstruktive Einzelheiten der besprochenen Geräte soll hier nicht eingegangen werden. Es sei nur soviel gesagt, daß bei der Entwicklung derartiger Geräte der Servicefreundlichkeit ganz besondere Aufmerksamkeit zu widmen ist. Die Wartungsarbeiten werden sich bei einem betriebszuverlässigen Gerät ohnehin nur auf wenige Maßnahmen beziehen, z.B. auf das Auswechseln von Filterscheiben im Probenvorkreis oder das Nachfüllen von Reagenzlösungen. Es ist heute durchaus möglich, Titrierautomaten zu entwickeln, die über Monate hinweg ohne zusätzliche Wartung laufen.

5. Weitere Analysenautomaten zur Betriebskontrolle

Abschließend soll noch ein Ausblick auf andere auf dem Markt befindliche Analysenautomaten gegeben werden. Diese Übersicht wird etwas breiter gefaßt als die bisherigen Betrachtungen, indem sie sowohl *Halbautomaten* als auch *Vollautomaten* betrifft. Dabei werden unter Halbautomaten solche Geräte verstanden, die eine manuelle Probenvorbereitung und Probeneingabe einerseits und eine individuelle Signalauswertung andererseits aufweisen. Halbautomaten können also in keinem Falle Bestandteil von äußeren Regelkreisen sein. Gleichwohl stellen sie eine wichtige Vorstufe der Vollautomatisierung dar und sind besonders auch in der Lage, Daten zu liefern, welche für die Programmierung und Fahrweise von Vollautomaten von Wichtigkeit sind.

Besprochen werden sollen auch Geräte, welche nicht im eigentlichen Sinne eine Titration ausführen. Merkmal der Titration ist ja der Ablauf von chemischer Reaktion eines in der Probe enthaltenen Bestandteiles mit dem Titrationsmittel. Funktionell sehr ähnlich sind auch Analysenautomaten, bei denen zwei Flüßigkeitsvolumina – die Probe und ein Reagenz – unter definierten Verhältnissen *vermischt* werden, *ohne daß eine chemische Reaktion eintritt.* Das Vermischen kann z.B. dem Einstellen einer konstanten Ionenstärke im Zusammenhang mit der Verwendung ionensensitiver Elektroden dienen.

5.1. Halbautomatische Titrationsgeräte

Geräte dieser Gruppe sind heute praktisch in allen größeren Betriebslaboratorien anzutreffen. Sie bilden einen Teilschritt der Automatisierung von chemischen Analysen und weisen neben einer Arbeitsentlastung der Laborkräfte oft noch den Vorteil auf, in Form eines Titrations-Diagrammes oder eines ausgedruckten Resultates ein von subjektiven Wertungen freies analytisches Dokument zu liefern.

Tabelle 5 stellt einige dieser Geräte einander gegenüber, ohne Anspruch auf Vollständigkeit zu erheben.

5.2. Vollautomaten zur Ausführung chemischer Analysen

Wie bereits einleitend vermerkt, umschließen diese Geräte alle die Funktion des definierten Vermischens zweier Flüßigkeiten, gleichgültig, ob dabei chemische

Tabelle 5. *Verschiedene halbautomatische Titriergeräte für Laborapplikationen*

Funktion	Signalausgabe bzw. Auswertung	Bemerkung	Indikationsmethode	Hersteller
1. Aufzeichnen einer Titrationskurve oder ihrer 1. Ableitung	Manuelle oder rechnerische Auswertung der Titrationskurve zur Ermittlung des Verbrauchs an Titrationsmittel	Verschiedene Wendepunkte der Kurve ermöglichen bedingt Mehrstoffanalysen	Potentiometrie Photometrie	A, B, C, D, F E
2. Titration auf einen vorgewählten Endpunkt	Ablesen des verbrauchten Volumens an Titrationsmittel, auch Ausdrucken; Serienanalysen	Verlauf der Titrationskurve muß bekannt sein	Potentiometrie	C, F
3. Wie 2., jedoch Eingabe vieler manuell vorbereiteter Proben in ein Karussel oder Rack	Ausdrucken des Resultates mit laufender Probennummer, auch Eingabe stöchiometrischer Faktoren von Hand möglich; Serienanalysen	wie 2	Potentiometrie	G, H

Schlüssel der Hersteller:

A= Metrohm AG, Herisau/Schweiz (z.B. Potentiograph E 436).
B= wie A (Titroprint E 475) [35].
C= Polymetron AG, Hombrechtikon/Schweiz (Impulsbürette 111 und Poly-Recorder 120) [36].
D= Radiometer, Kopenhagen (Kolbenbürette ABU, Regeleinheit TTT, pH-Meter PHM und Schreiber SBR).
E= wie D (Photometrischer Titrator PMT und Kolbenbürette ABU).
F= Mettler AG, Greifensee/Schweiz (Titrierautomat DV/DK).
G= Fisher Scientific, Pittsburgh, Pa./USA (Automatic Titrator "Titralyzer").
H= Gebr. Klees, Düsseldorf (Ti-Tro-Mat 2).

Reaktionen ablaufen oder nur ein bestimmter physikalischer Zustand der Mischung angestrebt wird.

Das folgende Schema soll diese Zusammenhänge besser veranschaulichen.

Funktion von Vollautomaten

Definiertes Vermischen zweier oder mehrerer Flüssigkeiten, wovon eine die zu analysierende Probe darstellt.

Art der Veränderung der Probe beim Vermischen

a) chemische Reaktion eines Bestandteiles der Probe mit einem bestimmten Reagenz	b) keine eigentliche chemische Reaktion, dagegen Aufprägen gewünschter physikalisch-chemischer Parameter

Beispiele

Zugabe eines Reagenzes im Überschuß, das mit einem Bestandteil der Probe eine Farbreaktion eingeht und Messen der photometrischen Extinktion als Maß der Kontration	Einstellen eines optimalen pH-Wertes und einer konstanten Ionenstärke als Voraussetzung einer direkt-potentiometrischen Konzentrationsbestimmung mit Hilfe ionensensitiver Elektroden (vgl.auch Tab.1)
Zudosierung eines Titrationsmittels unter Verfolgen des Ablaufes der Titrationsreaktion mit geeigneten Sensoren, Abbruch der Zudosierung bei Erreichen des Äquivalenzpunktes oder eines anderen vorgewählten Arbeitspunktes	

Nach diesen Kriterien — Ablauf oder Fehlen einer chemischen Reaktion — wurde die in Tabelle 6 gebrachte Geräteauswahl gegliedert. Auch hier wird kein Anspruch auf Vollständigkeit erhoben. Es galt vielmehr, je einen typischen Vertreter einer bestimmten Gerätekategorie zu bringen.

Zusammenfassend kann festgestellt werden, daß Halbautomaten in der Laborpraxis seit etwa 15 Jahren weltweite Verbreitung gefunden haben. An ihre Betriebszuverlässigkeit sind infolge der ohnehin für die manuelle Probenvorbereitung erforderlichen Laboranten wesentlich geringere Anforderungen zu stellen als an Vollautomaten, die in der Betriebspraxis eingesetzt werden. Hier sind es Faktoren wie erhöhte Umgebungstemperatur, hohe Luftfeuchte, korrosive Atmosphäre, mechanische Erschütterungen und elektrische Störfelder, welche in ihrer Einflußnahme auf das Analysenresultat besonders dann ausgeschaltet werden müssen, wenn der Analysenautomat Bestandteil eines äußeren Regelkreises ist. Seit etwa 5 Jahren ist in verschiedenen Industriezweigen ein relativ langsames Vordringen derartiger Vollautomaten zu beobachten.

Tabelle 6. *Auswahl einiger Analysenautomaten (Vollautomaten) zur Betriebskontrolle*

1. Geräte ohne Ablauf chemischer Reaktionen

Geräte-Typ	Hersteller	Typische Anwendung	Art der Probenvorbereitung	Sonstige Angaben
Sodium Ion Analyzer	Beckman Instr., Fullerton, Cal./ USA	Messen von Natriumkonzentrationen in der Kesselwasseraufbereitung	Zudosieren von gasförmigen NH_3 auf pH >10	Einstellen hoher pH-Werte, Ausschalten der Querempfindlichkeit Na-sensitiver Elektroden gegenüber H^+-Ionen
Condimat	Polymetron AG, Hombrechtikon/ Schweiz	Messen der Konzentration zahlreicher Kationen und Anionen unter Verwenden ionensensitiver Meßketten	2-Kanal-Dosierpumpe vermischt Probe mit Pufferlösung hoher Ionenstärke	Durch Gewährleistung einer konstanten Ionenstärke in der Mischung von Probe und Puffer ergibt sich die Möglichkeit Ionen*konzentrationen* statt Ionen*aktivitäten* zu messen

2. Geräte mit Ablauf chemischer Reaktionen

Geräte-Typ	Hersteller	Typische Anwendung	Art der Probenvorbereitung	Sonstige Angaben
Silikometer, Chlorometer, Ozonometer,	Bran & Lübbe, Hamburg	Kessel- und Brauchwasseraufbereitung	Diskontinuierliche Dosierung von Probe, Hilfslösungen und Farbreaktionen auslösenden Reagenzien aus zeitgesteuerten Überlaufgefäßen	Messen der photometrischen Extinktion. Zur Spurenanalyse und für relativ kleine Konzentrationen geeignet

Geräte-Typ	Hersteller	Typische Anwendung	Art der Probenvorbereitung	Sonstige Angaben
Auto-Analyzer	Technicon Controls Inc., Chauncey, N.Y., USA	Wasser- und Abwasseranalyse	Kontin. Vermischen von Probe, Hilfslösungen und Farbreaktionen auslösenden Reagenzien mit Vielkanalpumpe, Beschleunigung langsamer Reaktionen durch Heizen	Messen der photometrischen Extinktion. Zur Spurenanalyse und für relativ kleine Konzentrationen geeignet
Bondomat [1,34]	Polymetron AG, Hombrechtikon/Schweiz	Konz.-Regelung von Säure und Beschleuniger in Phosphatierungsbädern zur Oberflächenbehandlung von Metallen	Kontin. Vermischen von Probe und Titrationsmittel mit 4-Kanal-Dosierpumpe	Potentiometrische Indikation. Probenvorbereitung durch Filtration wichtig
Multi-Titrator [36]	Metrohm AG, Herisau/Schweiz	Borsäurebestimmung beim Betrieb von Kernreaktoren	Diskontin. Dosierung von Probe, Hilfslösungen und Titrationsmitteln mit Kolbenbüretten	Potentiometrische Indikation. Titration auf vorgewählten Endpunkt. Programmierung über Kreuzschienenverteiler
Titrometer [37]	Bran & Lübbe, Hamburg	$CaCO_3$-Bestimmung im Rohmehl bei der Zementfabrikation	Diskontin. Dosierung von Probe und Titrationsmittel mit kombinierten Membranpipetten und Kolbenbüretten	Potentiometrische Rücktitration der vorgelegten Salzsäure mit Natronlauge. Probenvorbereitung durch Mahlen, anschließend Wägedosierung

6. Literatur

1) Vergleiche die Druckschriften "Automatische Konzentrationsregelung von Bädern zur chemischen Oberflächenbehandlung von Metallen" und "Automatische Konzentrationsregelung von Behandlungsbädern der Textilveredelung". Polymetron AG, Hombrechtikon-Zürich.

2) Meß- und Regeltechnik bei der Oberflächenbehandlung von Metallen, Eugen G. Leuze Verlag, Saulgau/Württ. Dieser Zusammendruck enthält 7 Vorträge, die anläßlich eines Seminars der Technischen Akademie Wuppertal am 13./14. November 1969 gehalten wurden.

3) Technische Informationsblätter 50.01 bis 50.03 über die Analysenautomaten Titrimat, Konzentrostat und Konzentromat. Polymetron AG, Hombrechtikon-Zürich.

4) Prospekt über das Titrometer. Bran & Lübbe, Hamburg.

5) Prospekt zum Multi-Titrator E 440, Metrohm AG, Herisau/Schweiz.

6) Samal, E.: Grundriß der praktischen Regelungstechnik. München: R. Oldenbourg 1964.

7) Muckli, W., Becker, W.: Regelungstechnik. In: Ullmanns Encyklopädie der technischen Chemie, Band 2/II. München: Urban & Schwarzenberg 1968.

8) Oehme, F.: Angewandte Konduktometrie. Heidelberg: A. Hüthig Verlag 1961.

9) Technisches Informationsblatt 91.01: Die Verdünnungskonduktometrie – eine Methode zum Messen und Regeln hochkonzentrierter Elektrolytlösungen. Polymetron AG, Hombrechtikon-Zürich.

10) Zanker, V.: Spektroskopie im Sichtbaren und Ultraviolett. In: Ullmanns Encyklopädie der technischen Chemie. München: Urban & Schwarzenberg 1968.

11) Schwabe, K.: Fortschritte der pH-Meßtechnik. Berlin: Verlag Technik 1958.

12) Oehme, F.: Angewandte Potentiometrie – ein Leitfaden zur Messung von pH-Werten, Redoxpotentialen und Ionenkonzentrationen. Polymetron AG, Hombrechtikon-Zürich.

13) Müller, E.: Elektrometrische Maßanalyse. Dresden: Verlag Th. Steinkopff 1944.

14) Oehme, F.: Messen und Regeln der Konzentration von Bädern zur Oberflächenbehandlung von Metallen. In: Jahrbuch Oberflächentechnik. Berlin: Metall Verlag 1970.

15) Oehme, F., Dolezalova, L.: Direkt-potentiometrische Konzentrationsbestimmungen mit ionensensitiven Elektroden unter Verwendung komplexierender Hilfsreaktionen. Z. Anal. Chem. *251*, 1-6 (1970).

16) Jander, G., Jahr, K.F., Knoll, H.: Maßanalyse, Sammlung Göschen. Berlin: Walter de Gruyter 1969.

17) Seel, F.: Grundlagen der analytischen Chemie und der Chemie wässriger Lösungen. Weinheim: Verlag Chemie 1955.

18) Kolthoff, I.M., Sandell, E.B., Meehan, E.J., Bruckenstein, S.: Quantitative Chemical Analysis. London: Macmillan Comp. 1969.

19) Oehme, F.: Titrierautomaten. In: Ullmanns Encyklopädie der technischen Chemie, Band 2/1. München: Urban & Schwarzenberg 1961.

20) Vergleiche hierzu Schweizer Patent 450 006 und USA-Patent 3.447.906.

21) Wägebüretten für Laborapplikationen werden von der Mettler AG, Greifensee-Zürich gebaut.

22) Kraft, G.: Komplexometrie und Voltametrie. Z. Anal. Chem. *238*, 321-349 (1968).

23) Englisches Patent 1, 124, 534.

24) Leithe, W.: Automatische Säure/Base-Bestimmung durch potentiometrische Einpunkt-Titration. Chem.-Ingr.-Tech. *36*, 112-114 (1964).

25) – Analytische Chemie in der industriellen Praxis. Frankfurt(Main): Akademische Verlagsgesellschaft 1964.

26) Wolf, H.J.: Schaltungen und Geräte zur pH-Messung mit hochohmigen Meßketten. Z. Instrumentenk. *67*, 147-153 (1959).

27) Oehme, F., Wolf, H.J.: G-I-T *9*, 647-656 (1965).

28) Bisher unveröffentlichte Arbeiten von S. Ertl und H.J. Wolf in der Polymetron AG, Hombrechtikon-Zürich.

29) Hummel, H.: Betriebsgerät zur Titrationsregelung. Chem.-Ingr.-Tech. *36*, 537-541 (1964).

30) Greuter, E.: Betriebsgerät für vollautomatische Titration. Chem.-Ingr.-Tech. *37*, 1047-1049 (1965).

31) Kraft, G., Hinz, W.: Bestimmung der freien Säure in Lösungen mehrwertiger Metallionen. Z. Anal. Chem. *247*, 192–196 (1969).

32) Blaedel, W.J., Panos, J.J.: Titration of Nitric Acid in Solutions of Aluminium Nitrate. Anal. Chem. *22*, 910-914 (1950).

33) Vergleiche Abschnitt 4 dieser Arbeit, sowie [3].

34) Technische Anweisung Nr. 28 M, Rotschutzbonder 97, Metallgesellschaft AG, Frankfurt (Main).

35) Wolf, S.: Titroprint – ein neuartiger druckender Digital-Titrator. Chem. Rundschau (Solothurn) *22*, 639-641 (1969).

36) Oehme, F.: Eine digitale Impulsbürette universeller Anwendbarkeit. Dechema-Monograph. *62*, 81-94 (1968).

37) Automatischer Titrator, System Holderbank, für die Zementindustrie, Druckschrift der Fa. Chlorozon AG, Basel.

Eingegangen am 16. Oktober 1970

Fortschritte der chemischen Forschung
Topics in Current Chemistry

Neuere Bände

Band 17
W. Demtröder:
Laser Spectroscopy
With 16 fig. III,95 pages
1971

Band 18
R. C. Bingham/
P. v. R. Schleyer:
Chemistry of Adamantanes
With 4 fig. III,102 pages
1971

Band 19
L. Maier and G. Zon/
K. Mislow: The Chemistry
of Organophosphorus
Compounds I
With 11 fig. III,94 pages
1971

Band 20
H. J. Bestmann/
R. Zimmermann:
The Chemistry of Organo-
phosphorus Compounds II
With III,147 pages
(In German)
1971

Band 21
L. Eberson/H. Schäfer:
Organic Electrochemistry
With 10 fig. III,182 pages
1971

Band 22
W. Kutzelnigg/G. Del Re/
G. Berthier:
σ and π Electrons
in Organic Compounds
With 8 fig. III, 122 pages
1971

Band 23
M.J.S. Dewar and
W.B. England/L.S. Salmon/
K. Ruedenberg:
Molecular Orbitals
With 40 fig. and 5 tables
III,123 pages
1971

Band 24
H. Fischer and J.F. Labarre/
F. Crasnier: Electronic
Structure of Organic
Compounds
With 12 fig. III,54 pages
1971

Band 25
J. Manassen, R.L. Banks,
W. Strohmeier,
G.-M.Schwab, F.Steinbach:
Catalysis
With 26 fig. III,154 pages
1972

Band 26
J.L. Margrave/K.G.Sharp/
P.W.Wilson, A.Meller, and
G.D. Christian:
Inorganic and Analytical
Chemistry
With 6 fig. III, 112 pages
1972

Band 27
B. Kratochvil/H.L.Yeager,
V.Gutmann, and S.L.Smith:
Nonaqueous Chemistry
With 46 fig. III,187 pages
1972

Band 28
G. Häfelinger, J.Tsuji,
L.D. Pettit/D.S. Barnes,
H. Werner:
π Complexes of Transition
Metals
With 11 fig. III, 181 pages
1972

Springer-Verlag
Berlin
Heidelberg
New York
München · London
Paris · Tokyo · Sydney

N. H. Sloane, University of Tennessee

J. L. York, University of Arkansas

Biochemisches Arbeitsbuch

Übersetzt und bearbeitet von U. C. Knopf und E. Rosenbaum

Mit 56 Abbildungen
VIII, 278 Seiten
1972

Knapp und klar beschrieben enthält dieses Buch grundlegendes Wissen über chemische Vorgänge, Stoffwechsel und Regelmechanismen in der Säugetierzelle.

Inhaltsübersicht:

Über biochemische Methoden, Physikalisch-chemische Grundlagen. Die Zelle. Aminosäuren und Peptide. Proteine. Enzyme. Kohlehydrate. Kohlehydrat-Stoffwechsel. Steuerung des Kohlehydratstoffwechsels. Energie-Umwandlungen. Lipide. Stoffwechsel der Lipide. Stoffwechsel der Aminosäuren I. Aminosäure-Stoffwechsel II. Nucleinsäuren und Nucleoproteine. Stoffwechsel der Nucleinsäuren. Protein-Biosynthese und biochemische Genetik. Hämoglobin. Entgiftung. Funktion der Nieren. Biochemische Aspekte spezialisierter Gewebe. Biochemie der endokrinen Drüsen. Vitamine.

Springer-Verlag
Berlin · Heidelberg · New York
München · London · Paris · Tokyo · Sydney

In kritischen Übersichten werden in dieser Reihe Stand und Entwicklung aktueller chemischer Forschungsgebiete beschrieben. Sie wendet sich an alle Chemiker in Forschung und Industrie, die am Fortschritt ihrer Wissenschaft teilhaben wollen.

In der Regel werden nur Beiträge veröffentlicht, die ausdrücklich angefordert worden sind. Schriftleitung und Herausgeber sind aber für ergänzende Anregungen und Hinweise jederzeit dankbar. Manuskripte können in den „Fortschritten der chemichen Forschung" in Deutsch oder Englisch veröffentlicht werden.

Jeder Band der Reihe ist einzeln käuflich.

This series presents critical reviews of the present position and future trends in modern chemical research. It is addressed to all research and industrial chemists who wish to keep abreast of advances in their subject.

As a rule, contributions are specially commissioned. The editors and publishers will, however, always be pleased to receive suggestions and supplementary information. Papers are accepted for "Topics in Current Chemistry" in either German or English.

Any volume of the series may be purchased separately.